LE CACAO

ET

LE CHOCOLAT.

PARIS, — TYPOGRAPHIE DE HENRI PLON

8, rue Garancière.

CACAOYER (*THEOBROMA CACAO*.)

LE CACAO

ET

LE CHOCOLAT

CONSIDÉRÉS AUX POINTS DE VUE

BOTANIQUE, CHIMIQUE, PHYSIOLOGIQUE, AGRICOLE, COMMERCIAL, INDUSTRIEL ET ÉCONOMIQUE,

PAR

ARTHUR MANGIN

Rédacteur de la *Revue scientifique* au *Journal des Économistes*,
un des principaux auteurs du *Dictionnaire universel du commerce et de la navigation*, etc.

SUIVI

DE LA LÉGENDE DU CACAHUATL

PAR

FERDINAND DENIS

Conservateur de la Bibliothèque Sainte-Geneviève.

PARIS

GUILLAUMIN ET Cie, LIBRAIRES,

Éditeurs du *Journal des Économistes*, de la *Collection des principaux économistes*.
du *Dictionnaire de l'Économie politique*,
du *Dictionnaire universel du commerce et de la navigation*, etc.;

RUE RICHELIEU, 14.

—

1860

AVANT-PROPOS.

Les études auxquelles j'ai dû me livrer pour la rédaction des articles *Cacao* et *Chocolat* du DICTIONNAIRE UNIVERSEL DU COMMERCE ET DE LA NAVIGATION (1), et la bonne fortune qui m'échut à cette occasion d'entrer en relations avec l'honorable M. E. Menier, m'ont permis de recueillir sur ces produits une foule de renseignements précieux. Malheureusement je n'en pouvais utiliser qu'une faible partie pour le travail dont j'étais chargé. Il fallait me renfermer dans le cadre de la publication toute spéciale à laquelle ce travail était destiné, et d'où l'on a écarté avec raison tout ce qui n'intéresse pas directement le commerce.

D'autre part, il m'a semblé que ces renseignements seraient de nature à intéresser la portion du public, assez nombreuse aujourd'hui, qui aime à

(1) Publié par la librairie Guillaumin.

4

s'éclairer sur l'origine, les propriétés, le mode de fabrication ou de préparation, l'importance scientifique, industrielle et commerciale des substances dont elle fait journellement usage.

J'ai donc réuni et coordonné les matériaux dont j'étais en possession, de manière à en former une monographie qui pût affronter seule les hasards de la publicité. Cette monographie n'est pas la première qu'on ait écrite sur le Cacao; je n'ai pas cru néanmoins devoir renoncer à traiter à mon tour un sujet élucidé par des travaux antérieurs, et dont l'intérêt, loin de diminuer avec le temps, n'a pu que grandir à mesure que s'est accrue l'importance du Cacao comme aliment, comme objet de commerce et comme matière première de fabrication.

C'est pour moi un devoir et un plaisir à la fois de terminer ce préambule en exprimant toute ma gratitude à M. Menier, dont les connaissances théoriques et pratiques m'ont été d'un si grand secours, et à M. Louis Pâris, dont les savantes recherches m'ont permis d'enrichir cette notice de documents historiques extrêmement curieux, restés ensevelis jusqu'à ce jour parmi les innombrables pièces manuscrites ou imprimées que recèlent la Bibliothèque nationale et les Archives de l'empire.

C'est aussi à M. Louis Pâris que je dois la *Légende*

du Cacahuatl, une sorte de petit poëme plein d'esprit et d'érudition, où M. Ferdinand Denis, — un des hommes de France qui savent le mieux les traditions, les mœurs et la littérature des antiques races indiennes de l'Amérique centrale, — a raconté l'histoire primitive du Cacao, depuis ses origines mythologiques jusqu'aux premiers temps de la conquête espagnole. J'ai placé ce charmant opuscule à part, à la fin du volume, voulant le réserver au lecteur, comme on dit, *pour la bonne bouche.*

AR. M.

Paris, juillet 1860.

INTRODUCTION.

Les espèces végétales ont leur destinée comme les espèces animales et les races humaines. Les unes, grâce à leur puissance de développement ou de reproduction, ont couvert primitivement et pendant une longue période de siècles la plus grande partie de la surface solide du globe, puis elles ont disparu ou se sont éclaircies devant les envahissements de l'homme. Celles-là représentent la prépondérance de la matière, le règne de la force brutale. Parmi elles, quelques-unes ont disparu ou sont menacées de disparaître, soit parce qu'elles ne sont susceptibles d'aucune application, soit parce qu'on ne peut en tirer parti qu'en les détruisant. D'autres ont été sauvées par leur utilité, et payent leur rançon avec leurs fruits, leurs semences, les sucs de leur tige ou de leurs feuilles, l'arome de leur écorce ou de leurs fleurs, etc.

Il est aussi des plantes insignifiantes ou mépri-

sables en apparence, de chétifs arbrisseaux, des
herbes, dont l'homme a su tirer de bonne heure des
produits précieux, et qui sont devenues pour lui,
dès l'origine des sociétés, une source féconde de
bien-être et de richesse. Il les a semées ou plantées
dans ses champs, dans ses vergers, dans ses jardins.
Il a impitoyablement abattu, pour leur faire place,
les géants de l'âge primitif; il a fait d'elles, en un
mot, les objets privilégiés de ses soins et de son
amour. Celles-ci représentent le règne de l'intelli-
gence et du travail. Leur culture est contemporaine
de la domestication des animaux utiles, et se développe parallèlement, tandis que les espèces et les
races sauvages sont vouées à l'extermination.

Enfin quelques-unes semblent avoir été réservées
à une destinée d'autant plus belle qu'elles en ont
attendu plus longtemps l'accomplissement. Placées
par la nature dans des contrées où, par une inexpli-
cable fatalité, la civilisation ne pouvait s'engendrer
d'elle-même et devait s'introduire violemment par
la conquête, on eût pu croire que, comme les animaux étranges et les hommes stupides qui s'abri-
taient sous leur feuillage et dévoraient leurs fruits,
elles végéteraient éternellement loin de toute culture. Puis un jour les conquérants civilisés, en faisant
l'inventaire des choses dont ils s'étaient rendus maî-

tres, ont appris des vaincus l'usage de ces plantes, usage souvent bizarre et répugnant; ils l'ont essayé, puis modifié et approprié à leurs goûts, et ils ont fini par y trouver la satisfaction de besoins réels ou factices qui de jour en jour sont devenus plus impérieux.

Ces plantes, en général, n'ont pu être transportées dans nos climats, et la nécessité de les cultiver dans leur patrie même, ou dans des pays offrant les mêmes conditions atmosphériques, n'a pas été une des moindres causes de la colonisation rapide de l'Inde et de son archipel, des côtes d'Afrique, de l'Amérique, des Antilles, etc. La culture, le commerce et la consommation de quelques-uns de ces végétaux ont acquis, principalement depuis le commencement du dix-neuvième siècle, une importance presque égale à celle des denrées indigènes réputées universellement et de tout temps indispensables. D'où l'on voit qu'en dehors des besoins absolus et purement instinctifs de l'état de nature, tous les appétits qui nous possèdent, et dont le nombre et l'intensité vont sans cesse en augmentant, sont des fruits de notre civilisation, — j'allais dire, hélas! de notre corruption.

Mais ce n'est point de philosophie qu'il s'agit ici; et aussi bien, quelques justes reproches que nous puissions nous faire sur l'accroissement de nos besoins ou la dépravation de nos goûts, ils seraient hors de propos en ce qui concerne le produit, non-seulement inoffensif, mais utile et agréable à la fois, qui fait le sujet de cette Notice, et qu'il faut, sans contredit, mettre au premier rang des présents que l'ancien monde a reçus du nouveau.

L'Asie nous a donné le Sucre, le Café, le Thé; l'Amérique nous a donné le Cacao.

LE CACAO

ET

LE CHOCOLAT.

—————————————

I

DESCRIPTION BOTANIQUE DU CACAOYER.

Le Cacao est la graine ou semence du Cacaoyer ou Cacaotier, dont le nom botanique, dérivé du grec, signifie *nourriture des dieux : Theobroma*.

Le genre Cacaoyer a été rangé par Jussieu, et après lui par un grand nombre de botanistes, dans la famille des Malvacées ; quelques-uns cependant l'ont rattaché à celle des Byttnériacées. Il comprend une dizaine d'espèces qui toutes appartiennent aux régions les plus chaudes de l'Amérique, et se subdivisent en une multitude de variétés dont la plupart se sont formées artificiellement par l'effet de la culture et d'autres circonstances adventices.

Ces variétés diffèrent souvent beaucoup de grandeur. Les dimensions les plus ordinaires et le port

1.

des Cacaoyers les ont fait comparer à nos cerisiers ;
mais il en est qui atteignent une taille bien supérieure (10 ou 12 mètres), tandis que d'autres sont
de petits arbrisseaux de 1 à 2 mètres seulement.
Leur grosseur varie naturellement avec leur hauteur.
La plus commune est celle de la cuisse d'un homme
(environ 20 à 25 centimètres de diamètre).

Leur bois est mou, poreux et sans consistance ;
il ne peut être employé ni pour la charpente, ni pour
la menuiserie, et c'est un combustible des plus médiocres, chose peu importante du reste dans un pays
où les bois abondent et où l'on n'a guère besoin de se
chauffer. L'écorce du Cacaoyer est de couleur cannelle
plus ou moins foncée, suivant l'âge de l'arbre. Ses
rameaux sont garnis de grandes et belles feuilles
simples, minces, acuminées, à surface lisse, de
couleur rougeâtre lorsqu'elles sont jeunes, d'un beau
vert foncé lorsqu'elles ont atteint tout leur développement, et présentant des nervures jaunes réguliè-
rement disposées. Leur longueur est de 25 à 30 centimètres sur 7 à 8 de large. Elles se renouvellent
sans cesse, ainsi que les fleurs, de sorte que l'arbre
n'offre jamais au regard le triste spectacle d'une cime
dépouillée de sa parure. Les fleurs sont implan-
tées sur les branches et jusque sur le tronc, et réunies en fascicules. Elles sont petites, portées sur des
pédoncules simples, menus et légèrement velus.
Leurs pétales, au nombre de cinq, sont de couleur
jaune ou rougeâtre. Elles sont surtout nombreuses

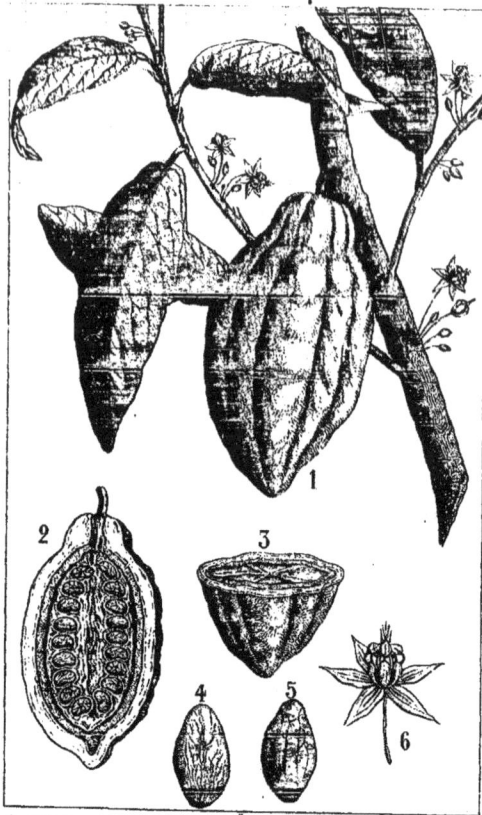

1. Cabosse ou Fruit du Cacaoyer.
2. Coupe longitudinale du Fruit.
3. Coupe transversale.
4. Fève ou Semence. (Cacao)
5. Amande dépouillée de son arille ou cosse.
6. Fleur

aux deux solstices; mais toutes celles qui poussent
sur les petites branches restent incolores et stériles :
celles des grosses branches et du tronc sont seules
productives. Les fruits qui leur succèdent, et qui
mûrissent en toute saison, sont des baies ou capsules
ovoïdes terminées par une sorte de crochet recourbé,
ce qui leur donne quelque ressemblance de forme
avec un concombre. Ces fruits, vulgairement appelés
cabosses, sont longs de 12 à 20 centimètres et revêtus d'un péricarpe ligneux, jaune ou rouge, selon
l'espèce, relevé de côtes peu saillantes, inégales et
verruqueuses. Ils sont divisés intérieurement en cinq
loges contenant ensemble de 25 à 40 graines amyg-
daloïdes, pressées symétriquement à plat les unes
sur les autres, enveloppées d'une pulpe gélatineuse
d'un blanc rosé, à saveur aigrelette, et réunies par
un *placenta* commun placé au centre de la capsule.

Les fruits des espèces sauvages sont plus petits
que ceux des espèces cultivées.

L'anatomie histologique des semences ou fèves
du Cacaoyer a été faite minutieusement par les botanistes, surtout par les botanistes allemands, dont
la patience héroïque ne recule point devant les analyses infinitésimales. M. Alfred Mitscherlich l'a donnée sans omettre la moindre fibre ni la plus petite
cellule, dans sa très-savante notice *Der Cacao und
die Chocolade*, publiée à Berlin en 1859. Nous crain-
drions de fatiguer nos lecteurs et nous-même par de
si longs détails, beaucoup moins appréciés, Dieu

merci, de ce côté du Rhin que de l'autre. Les deux
parties constituantes de la graine du Cacaoyer sont
le périsperme, — en langage vulgaire, la cosse, — et
l'embryon, c'est-à-dire l'amande.

Le périsperme, lorsque la graine est fraîche, est
blanc, mou et flexible; par la dessiccation, il devient
brun ou brun-rouge, papyracé et cassant. Il est composé de deux membranes entre lesquelles se rami-
fient un grand nombre de faisceaux vasculaires.
Ceux-ci se répandent dans le tissu de la membrane
extérieure et deviennent parfaitement visibles par
l'ablation de la première couche, qui souvent est
déjà détruite dans les graines ayant subi la fermentation. Sous cette membrane extérieure s'en trouve
une autre extrêmement délicate, qui adhère aux
cotylédons, et pénètre irrégulièrement dans les replis de leurs lobes.

L'embryon reproduit exactement la forme de la
graine. Sa couleur est ordinairement rouge-brun
foncé, quelquefois plus claire, quelquefois aussi
violacée et noirâtre. Il est formé d'une radicule et
de deux grands cotylédons sillonnés de replis pro-
fonds et irréguliers, et dont les faces intérieures,
également sinueuses, s'agencent l'une dans l'autre,
en sorte qu'il est difficile de les séparer sans les
briser. Ce sont ces cotylédons qui constituent la
partie comestible du Cacao et servent à la fabrication du Chocolat.

La frondaison, la floraison et la fructification du

Cacaoyer sont permanentes. On y voit donc en tout temps des feuilles, des fleurs et des fruits à tous les degrés de développement, ce qui donne à cet arbre un aspect des plus variés et des plus pittoresques, où le vert, le rouge, le jaune, se mélangent et s'harmonisent parfaitement, et qui le ferait rechercher pour l'ornement des jardins ou des serres, quand même il ne donnerait aucun produit utile. Malheureusement, il ne peut être cultivé en Europe qu'à titre d'échantillon botanique; à force de soins et de ménagements on réussit à le faire vivre, mais non à lui conserver la force, la vigueur, la beauté et la fécondité qui en font un des plus agréables ornements des forêts du nouveau Monde.

La chaleur même du soleil des tropiques ne lui suffit pas. Il est de complexion délicate et ne peut être impunément arraché du sol natal. Il exige, pour prospérer et porter de bons fruits, une qualité de terrain, une température et des conditions atmosphériques qui ne se trouvent réunies que dans les régions intertropicales du continent américain et, jusqu'à un certain point, dans les îles situées sous la même latitude. Encore s'en faut-il de beaucoup, comme on le verra tout à l'heure, que tous les pays compris dans cette zone lui soient également favorables. On peut, sous ce rapport, le comparer à la vigne : il subit comme elle, avec une extrême sensibilité, les effets de cet ensemble de causes à peine définissables, d'où résulte ce que nous nommons les *crus*, et qui influent si puissamment sur la composition chimique, la richesse, la saveur et le *bouquet* de nos différentes qualités de vins.

Les principales espèces de Cacaoyer sont :

Le CACAOYER COMMUN (*Theobroma Cacao*, Linné), le plus grand de tous, puisqu'il atteint une hauteur de 8 à 12 mètres. Son fruit est petit, allongé, à surface luisante et presque lisse. C'est l'espèce actuellement la plus répandue dans les Antilles.

Le CACAOYER DE LA GUYANE (*Theobroma Guyanense*, Aublet), dont la hauteur ne dépasse pas 5 mètres, et qui croît dans les terrains marécageux de la Guyane. Son fruit est recouvert d'une sorte de duvet rougeâtre.

Le CACAOYER BICOLORE (*Theobroma bicolor*, Humboldt), encore plus petit que le précédent. Il abonde au Brésil et dans la Colombie. Son fruit, long d'environ 16 centimètres, est rugueux et de forme ovoïde.

Le CACAOYER ÉLÉGANT (*Theobroma speciosum*, Wildenow), bel arbre du Para, qui fleurit surtout en août et dont les fleurs ont un diamètre double de celui des fleurs du Cacaoyer commun.

Le CACAOYER DES FORÊTS (*Theobroma sylvestre* ou *subincanum*, Martius), qui croît au Rio-Negro et dans une grande partie du Brésil.

Le CACAYOER A PETITS FRUITS (*Theobroma microcarpum*, Martius), espèce sauvage imparfaitement définie, et dont le caractère distinctif consisterait, comme son nom l'indique, dans la petite dimension de son fruit.

Le CACAOYER GLAUQUE (*Theobroma glaucum*). Cette espèce a été déterminée par le docteur Kusten. D'après ce voyageur, le Cacaoyer glauque atteint une hauteur de 5 à 6 mètres 70 centimètres. Il a beaucoup de ressemblance avec le *Theobroma Cacao*, dont il diffère cependant par ses feuilles, qui ont jusqu'à 30 centimètres de long sur 11 de large, et dont la base est ordinairement aiguë, quelquefois arrondie, mais jamais cordiforme.

Le CACAOYER A FEUILLES ÉTROITES (*Theobroma angustifolium*), espèce peu connue, représentée par un dessin assez imparfait dans la *Flore mexicaine* de De Candolle.

Enfin le CACAOYER A FEUILLES OVALES (*Theobroma ovalifolium*, De Candolle), qui paraît circonscrit dans les provinces méridionales du Mexique, et fournit, à ce qu'on croit, le Cacao si célèbre et aujourd'hui si rare appelé *Soconuzco*.

II

DISTRIBUTION GÉOGRAPHIQUE DU CACAOYER.

Amérique septentrionale et centrale.

Il faut atteindre presque l'extrémité sud de l'Amérique septentrionale et pénétrer dans la Louisiane, la Géorgie et la Floride, en un mot dans les contrées qui bordent le golfe du Mexique, pour trouver des Cacaoyers croissant naturellement. Là les *Theobroma*, les *Dyctantes* et les *Lepsidium* couvrent de leur délicieux ombrage les rives du Mississipi et de l'Altamaha ; mais le climat de ces pays, situés en dehors de la zone torride, n'est pas encore assez chaud pour ces arbres, et le Cacaoyer n'y croit que dans les lieux bas et bien abrités, sortes d'étuves naturelles où il trouve l'atmosphère à la fois humide et brûlante au sein de laquelle il se plait. On le rencontre aussi disséminé dans les forêts qui couvrent une partie des provinces de Durango et de San-Luiz-Potosi ; mais ce n'est que vers le 22ᵉ degré de latitude que le climat et le sol lui deviennent favorables, et nulle part il ne réussit mieux, nulle part sa graine n'acquiert une saveur plus fine, un plus suave parfum, que dans les provinces méridionales du Mexique : Oaxaca,

Mechoacan et Tabasco. Là s'épanouit le *Theobroma
ovalifolium;* là est la patrie de ce fameux *Cacao
royal*, véritable ambroisie, dit-on, à laquelle nos
meilleurs cacaos du commerce ne sauraient être
comparés.

Autrefois, avant l'invasion espagnole, le Cacaoyer
était, dans ces provinces, l'objet non-seulement
d'une culture active, minutieuse et pleine de sollicitude, mais d'un véritable culte. On ne plantait pas
un de ces arbres sans que cette opération fût accom-
pagnée de cérémonies et de prières solennelles, et
les soins qu'on lui prodiguait ensuite étaient une oc-
cupation de tous les instants.

Les Espagnols entretinrent d'abord les plantations
établies par les Mexicains, et la décadence des cacaoyères ne commença pas aussitôt après la conquête, d'autant que cette culture continuait d'être
pratiquée par les indigènes, pour le compte et au
profit de leurs maîtres, bien entendu. Mais peu à peu
ces malheureux, victimes de la cruauté et de la cu-
pidité des dominateurs, furent exterminés sous prétexte de religion, ou employés au travail des mines;
car les Espagnols préféraient l'utile à l'agréable et
se souciaient plus de faire extraire l'or et l'argent
des entrailles de la terre que de récolter du Cacao.
Les plantations furent donc de plus en plus négligées. Aujourd'hui elles sont réduites à peu de chose,
et si leur produit n'a pas sensiblement perdu de sa
qualité, les consommateurs en doivent rendre grâces à

la terre qui nourrit le Cacaoyer et au soleil qui mûrit
ses fruits, bien plus qu'au travail de l'homme. A
peine trouve-t-on encore quelques pieds de Cacaoyer sur les rives du Guasacualco et aux environs
de Colima. Dans la province d'Oaxaca, la culture
du Cacaoyer a été généralement abandonnée pour
celle de la cochenille, qui rapporte davantage. Dans
la partie orientale de Vera-Cruz et sur les bords des
rivières qui se jettent dans la baie de Campêche, le
Cacaoyer reste à l'état sauvage dans des forêts qui
en sont presque exclusivement formées. Les provinces de Tabasco et de Mechoacan sont à peu près
les seules où il existe des plantations régulières
d'une certaine étendue et que l'on se donne la peine
d'entretenir. Elles ne produisent pas assez pour ali-
menter la consommation intérieure, laquelle, il
faut le dire, est considérable, eu égard au chiffre
peu élevé de la population. L'exportation est donc, *a
fortiori*, impossible.

Le Guatemala, qui est, sur presque toute son
étendue, d'une extrême fertilité, produit en abondance des Cacaoyers appartenant, en général, à la
même espèce que ceux du Mexique. On récolte une
grande quantité de Cacao dans la province de Chiapa ;
mais le meilleur est celui de *Xoconochco*, dont on a
fait Soconusco. Cette province s'étend, sur une longueur de près de 140 kilomètres, au bord de la mer
du Sud, immédiatement au-dessous du golfe de
Tehuantepec. Elle comprend des terres basses, alter-

nativement exposées aux rayons brûlants du soleil
équatorial et arrosées par des pluies torrentielles.
Le Cacaoyer s'y trouve donc dans les conditions les
plus avantageuses ; et, comme il y est mieux cultivé
qu'au Mexique, sa graine, préparée avec un art tra-
ditionnel dans le pays, constitue le meilleur Cacao
que l'on connaisse. Mais quoique cette précieuse
semence, considérée par les habitants comme leur
seule richesse, soit en effet pour eux la base d'une
industrie et d'un commerce considérables, l'exiguïté
de leur territoire, étroitement resserré entre les montagnes et la mer, restreint nécessairement la production dans des limites que toute l'habileté imagi-
nable ne saurait dépasser. La presque totalité des
récoltes est absorbée par la consommation locale, ou
exportée au Mexique et dans les États du sud de
l'Union. L'Espagne aussi en reçoit de petites quantités, mais il n'en arrive jamais en France ; ce qui
explique pourquoi nos meilleurs fabricants ne con-
naissent que de nom ce Cacao célèbre, et ne sont
pas éloignés de le considérer comme un objet fan-
tastique ou tout au moins légendaire, dont on peut
soutenir la réalité historique, mais moins aisément
démontrer l'existence actuelle.

On récolte de très-bon Cacao le long du golfe de
Honduras ; le meilleur est celui de Gualan, près
d'Omoa.

On cultive aussi le Cacaoyer sur les côtes maritimes du Nicaragua, sur les rives du lac de ce nom,

et dans les vallées de Costa-Rica et de Veragua. L'isthme de Darien est encore, à l'heure présente, une des contrées les plus sauvages de l'Amérique centrale. Les Cacaoyers y abondent et forment même des forêts entières; mais les Indiens qui habitent ces forêts se bornent à récolter les fruits que les singes et les perroquets veulent bien leur laisser; ils en retirent la graine, la chargent sur leurs canots dans des sacs de peau, et la transportent ainsi jusqu'aux villes les plus voisines, où ils l'échangent contre des armes, de la poudre, du plomb, des couteaux et des vêtements.

Les Cacaoyers se trouvent aussi dans la petite île de Tabaco, située dans la baie de Panama. Ils y croissent sous l'abri du *Mammet,* « arbre droit, dit Dampier, sans nœud, sans branches, haut de 70 pieds, dont la tête touffue, entrelacée, porte un fruit plus gros que le coing. »

Amérique méridionale.

Les pays qui bordent le contour septentrional de ce continent, depuis la pointe d'Acuja, que baigne la mer du Sud, jusqu'au cap San-Salvador qui s'avance au-dessous de Bahia, dans l'océan Atlantique équinoxial, fournissent aujourd'hui au commerce la plus grande partie des Cacaos qui se consomment en Europe. Les plantations de Cacaoyers s'étendent à une profondeur variable, suivant l'état plus ou moins florissant de ces contrées et le plus ou moins de développement de la population civilisée. Les forêts de l'intérieur, qui servent d'asile aux Indiens, et dans lesquelles les blancs n'ont encore pénétré qu'accidentellement, recèlent aussi un grand nombre de Cacaoyers, mais les habitants d'origine européenne ne se soucient point d'en disputer les fruits aux hommes et aux animaux sauvages qui en font leur nourriture.

Dans les républiques de l'Équateur, du Pérou et du Chili, les plantations sont établies, pour la plupart, au pied du versant occidental de la chaîne des Andes, qui s'étend du nord au sud, à une petite distance de la côte. Les plus considérables se trouvent dans les départements de Esmeraldas et de Guayaquil (Équateur). Elles fournissent à cette république son principal article d'exportation.

Voici, sur l'état actuel de la production et du commerce du Cacao dans l'Équateur, quelques renseignements que nous extrayons d'une lettre de Guayaquil, en date du 31 décembre 1858.

L'exportation avait été, en 1857, de 149,196 quintaux (1); elle s'est élevée en 1858 à 198,561 quintaux. En déduisant de ce dernier chiffre le nombre qui se rapporte à l'année 1857, c'est-à-dire 32,400 quintaux qui n'avaient pu être exportés alors, et en y ajoutant 8,000 quintaux restés en magasin à la fin de 1858, on trouve que la récolte de cette année a

_____

(1) Le quintal espagnol vaut 46 kilogrammes.

été d'environ 174,161 quintaux, dont 144,161 de Cacao de *Ariba* ou des *hautes terres*, et 30,000 de la sorte dite de *Machala* ou du *bas du fleuve*. La valeur du Cacao exporté en 1858, rendu à bord, est d'environ 1,500,000 piastres, soit 6,000,000 de francs.

Les quantités exportées en 1857 et 1858 ont été réparties comme il suit entre les divers pays de destination :

	1857	1858
Espagne. . . . . quint.	86,460	69,412
Angleterre. . . . . —	24,351	39,896
France. . . . . —	3,363	29,554
Hambourg. . . . . —	10,536	11,000
Trieste . . . . —	»	2,500
Pérou. . . . . —	8,332	10,592
Chili. . . . . —	3,811	12,828
Centre-Amérique . . . . —	»	1,278
Mexique. . . . . —	»	6,212
Isthme de Panama, pour la Havane, les États-Unis et l'Europe . . . —	12,343	15,289
Totaux. . . . . quint.	149,196	198,561

La moyenne, pour ces deux années, est donc d'environ 172,000 quintaux espagnols, ou 8,000,000 de kilogrammes.

On voit qu'en 1858 l'Espagne a reçu 17,048 quintaux de moins, et l'Angleterre et la France, ensemble, 41,736 quintaux de plus qu'en 1857. Mais ces différences doivent être considérées comme des effets

de la spéculation, plutôt qu'attribuées à la diminution ou à l'accroissement de la consommation
dans les divers pays sur lesquels la marchandise est
dirigée. Au moment où écrivait l'auteur de la lettre,
le Pérou tenait bloqués tous les ports de l'Équateur,
et les navires espagnols avaient seuls le privilége d'y
entrer pour prendre leurs chargements. Un grand
nombre de citoyens avaient dû abandonner leurs
travaux pour prendre les armes et concourir à la
défense du pays, et l'on craignait que la récolte du
Cacao ne manquât presque totalement, faute de bras,
en 1859. En tout cas, une hausse considérable des
prix était inévitable pour cette année; mais ce n'est
là qu'un fait accidentel, et la perturbation momen-
tanée qui en résulte ne saurait influer sur l'avenir
d'une industrie florissante à laquelle la république
de l'Équateur est en grande partie redevable de sa
prospérité.

Les progrès de la culture du Cacao dans cet
État sont attestés par le tableau comparatif de ses
exportations pendant la période décennale comprise
entre 1847 et 1859. Voici ce tableau :

Exportation du Cacao pendant les dix dernières années.

Années	1849	quintaux	142,347
	1850	—	110,660
	1851	—	95,670
	1852	—	139,655
	1853	—	132,430
	1854	—	109,921

Années 1855 quintaux 150,897
      1856   —   132,766
      1857   —   149,106
      1858   —   198,561

La principale récolte se fait, à l'Équateur, dans les mois de mars, avril et mai ; en décembre et janvier s'effectue la petite récolte. Dans l'intervalle, on glane chaque mois les fruits mûrs. Les principales expéditions ont lieu en juillet et août, époque où la plus grande partie des récoltes est amenée au marché. Les Cacaos ne sont expédiés qu'après avoir été purifiés, ce qui fait perdre à la marchandise 5 pour 100 environ de son poids.

De l'autre côté de l'isthme de Darien, il existe des cacaoyères très-vastes et d'un excellent rapport, aux environs de Carthagène et sur les bords de la rivière Magdalena (Nouvelle-Grenade), aux environs de Maracaïbo et de Cumana, et dans toute la province de Caracas (Venezuela). Les plantations de Caracas et de Cumana s'étendent dans l'intérieur jusque sur les bords de l'Apure et de l'Orénoque. Elles couvrent ainsi une grande partie du vaste territoire compris dans l'angle formé par ce fleuve et la mer des Antilles. C'est de là que nous viennent les meilleures qualités de Cacao, connues dans le commerce sous la dénomination de *Cacaos caraques* ou de la *Côte ferme*.

Cette fertile contrée, découverte par Christophe Colomb, fut reconnue un peu plus tard par Ojeda,

Jean de la Cosa et Amerie Vespuce. Mais ces aventuriers n'y cherchaient que de l'or et des esclaves.
Ignorants d'ailleurs autant que cupides et cruels,
ils ne songèrent même pas à examiner les richesses
que le règne végétal a si généreusement répandues
dans le nouveau Monde.

Au seizième siècle, la côte ferme fut concédée
par l'empereur Charles-Quint aux Welser, riches
négociants d'Augsbourg; mais les colons et les
soldats qui y furent envoyés ne firent, comme les
premiers envahisseurs, que fouiller le sol pour y
trouver des métaux précieux et poursuivre les Indiens pour les dépouiller ou les réduire en esclavage.

Un siècle environ s'écoula, sans aucune entreprise
sérieuse pour mettre à profit la fertilité du sol.

Enfin, en 1664, les Hollandais, qui s'étaient emparés de Curaçao, ayant fait de cette île un entrepôt
de toutes les productions des îles voisines et du
continent, les colons de la côte songèrent enfin,
pour profiter de ce voisinage, à obtenir, par la culture du sol qu'ils occupaient, des substances qu'ils
pussent échanger contre d'autres marchandises.
Leur attention se porta tout d'abord sur les Cacaoyers, qui croissaient en abondance au pied des
montagnes et sur les bords des fleuves, et dont la
graine n'avait été jusqu'alors exportée qu'en petites
quantités, la plus grande partie de celle qu'on récoltait sur les arbres à peine cultivés étant consom-

2

mée par les habitants. Les premiers envois furent reçus en Europe avec empressement et écoulés à des prix avantageux, qui encouragèrent les exportateurs à étendre et à perfectionner une culture dont les résultats promettaient de devenir bien supérieurs à ceux du travail des mines. L'événement prouva que c'était là, en effet, la véritable richesse du pays. Depuis le milieu du dix-septième siècle, les plantations se sont multipliées dans une proportion qui laisse peu de place aux autres cultures; le Cacao est devenu le principal article d'exportation du Venezuela, et le plus solide élément de la prospérité agricole et commerciale de cet État. On trouvera plus loin des renseignements détaillés sur les diverses qualités de Cacao que fournissent les provinces de Caracas et de Cumana, et des chiffres qui permettront d'apprécier exactement l'importance des transactions dont elles sont l'objet entre la république venezuelienne et la France. La part de la république de Venezuela dans la production générale du Cacao est d'environ 2,000,000 de kilogrammes.

On a remarqué que les plantations les mieux entretenues et les plus productives de la côte ferme sont celles qui appartiennent à des Biscayens. Ceux-ci, en effet, sont actifs, économes et laborieux. Ils considèrent la profession agricole comme la plus honorable à laquelle l'homme puisse se livrer, et ne croient point déroger en s'occupant personnellement de l'exploitation qu'ils dirigent. Les autres créoles

espagnols, au contraire, se croiraient déshonorés
par le titre de cultivateur. « Ils préfèrent, dit un
voyageur, l'oisiveté des cloîtres, l'attrait de l'épau-
lette, ou le labyrinthe de la chicane aux nobles travaux de la campagne. » Ces travaux sont exécutés
par des nègres ou des Indiens jadis esclaves, aujourd'hui mercenaires, sous la direction d'intendants
recrutés parmi les mulâtres affranchis ou parmi les
blancs des Canaries, gens cruels et brutaux comme
sont d'ordinaire les tyrans subalternes, et dont le
moindre souci est d'accroître la prospérité de l'entreprise qui leur est confiée. Quant au propriétaire
espagnol, lorsqu'il visite sa plantation, c'est pour y
respirer l'air de la campagne, distribuer des châti-
ments aux esclaves et donner à l'intendant quelques
ordres dont celui-ci ne tient compte qu'autant qu'il
lui plaît; mais bien rarement il s'occupe d'examiner
sérieusement l'état des cultures, de rechercher et
encore moins de faire réaliser sous ses yeux les
améliorations dont elles sont susceptibles.

La production du Cacao semblait en voie de dé-
croissance dans le Venezuela il y a une trentaine
d'années. On attribuait ce fait, non sans quelque
raison : premièrement à la propagation dans ce
pays de l'indigo, de la cochenille et de la canne à
sucre, dont plusieurs colons croyaient pouvoir retirer des bénéfices plus grands et plus promptement
réalisables; deuxièmement, à l'accroissement de la
population, ainsi qu'aux progrès mêmes de la civi-

lisation. En effet, la province de Caracas était la plus anciennement cultivée, et, comme l'avait judicieusement remarqué M. de Humboldt, à mesure qu'un pays est défriché depuis plus longtemps, il devient, sous la zone torride, plus dénué d'arbres, plus sec, plus exposé aux vents; il subit, en un mot, dans sa constitution physique, des changements qui le rendent de moins en moins propre à la culture du Cacao. Néanmoins ce n'était là qu'un phénomène de transition qui devait cesser et qui a cessé en effet sous l'influence des mêmes causes qui l'avaient occasionné. D'une part, les procédés de culture s'étant perfectionnés, on est parvenu à maintenir ou à rétablir les plantations anciennes dans des conditions favorables à leur prospérité; d'autre part, on en a créé de nouvelles vers l'est sur un sol vierge et nouvellement défriché; si bien que la production n'a pas tardé à reprendre une marche ascendante. Elle est représentée aujourd'hui par des chiffres très-élevés, qui peuvent fléchir d'une année à l'autre par suite de circonstances accidentelles, mais se relèvent dès que les choses rentrent dans l'état normal.

Les cacaoyères ne sont pas moins florissantes dans la Nouvelle-Andalousie et la Nouvelle-Barcelone, et elles se sont rapidement multipliées dans la sierra Meapire, sur le pays naguère sauvage qui s'étend de Carupano, par la vallée de San-Bonifacio, jusqu'à la baie de Paria. La population de cette contrée est en grande partie d'origine française et irlandaise. De pauvres familles ont formé, avec l'aide d'un ou deux esclaves seulement, des plantations modestes dans le principe, et qui sont devenues, avec le temps, de riches domaines comprenant de dix à douze mille arbres et rapportant annuellement de 15 à 20,000 francs de revenu.

A partir de la rive droite de l'Orénoque, et à mesure qu'on descend vers le sud parallèlement à la côte orientale du continent, les Cacaoyers, toujours abondants, dégénèrent et donnent des produits de qualité inférieure. Cela tient sans doute en partie à la négligence des colons, mais bien plus encore à la nature du terrain, qui est trop marécageux. Ce terrain est celui de la Guyane.

« L'Orénoque, dit le P. Gumilla, coule au pied
» d'une chaîne de montagnes qui l'accompagne de-
» puis sa source jusqu'au golfe Triste, dans lequel
» il se jette. De ces mêmes montagnes, dont le som-
» met s'élève jusqu'aux nues, descendent un grand
» nombre de rivières et de ruisseaux. L'humidité
» que ces torrents communiquent aux vallées leur
» fait produire une quantité prodigieuse d'arbres,
» qui forment un des plus beaux coups d'œil que
» l'on puisse voir. Commé ces rivières ont beaucoup
» de pente, il serait fort aisé de les saigner et de les
» conduire dans la plaine à l'aide de plusieurs ca-
» naux, ce qui contribuerait infiniment à la fécondité
» des Cacaoyers et à celle du terrain, qui manque

2.

» de culture. Je ne doute pas qu'il n'en soit du ter-
» rain de l'Orénoque comme des plaines qu'arrosent
» l'Apure, la Tane et quelques autres rivières qui
» vont s'y rendre, le climat et la qualité du terrain
» étant les mêmes dans tous les deux. J'ai vu dans
» ces plaines des forêts de Cacaoyers sauvages char-
» gés de cosses remplies de fèves qui servent de
» nourriture à une multitude infinie de singes, d'é-
» cureuils, de perroquets, de guacamayas et autres
» animaux semblables. Si ce terrain produit de lui-
» même le Cacao, que serait-ce s'il était cultivé!...
» J'ai vu les vallées les plus renommées de la pro-
» vince de Caracas, savoir, celles de Tuy et Orituco,
» où l'on récolte le meilleur Cacao, et les ayant
» comparées avec celles qui sont au sud de l'Oré-
» noque, j'ai trouvé le terrain de celles-ci d'une
» meilleure qualité et plus propre aux plantations de
» Cacaoyers par la facilité qu'on trouve à faire venir
» de l'eau. »

Ces observations sont sans doute fort justes. On
sait néanmoins que la production du Cacao dans les
contrées qui s'étendent entre la rive droite de l'Orénoque et la frontière du Brésil est restée fort inférieure à celle des pays situés au nord et au sud.
C'est que si le terrain et le climat sont favorables à
la végétation des plantes tropicales et, en particulier,
de l'arbre à Cacao, ils sont, en général, funestes
aux hommes, surtout aux Européens, qui s'y ac-
coutument très-difficilement. Il est probable que

l'insalubrité bien connue de la Guyane pourrait être combattue par des défrichements, des asséchements et d'autres moyens analogues; mais ces travaux ne pourraient être exécutés que lentement, ils coûteraient beaucoup d'argent, et, ce qui est plus grave, beaucoup de monde. On comprend que les États européens qui ont des possessions dans cette partie de l'Amérique méridionale ne se soucient pas de s'engager dans une entreprise dispendieuse, meurtrière, et dont on n'est point assuré que les résultats compenseraient les sacrifices nécessaires pour l'accomplir.

Ceci s'applique principalement à la Guyane française, dont la population blanche, constamment décimée par les fièvres, n'est nullement proportionnée à l'étendue du territoire. On sait d'ailleurs que cette colonie est aujourd'hui un lieu de déportation pour les criminels et les condamnés politiques; que le nombre d'habitants libres se livrant à l'agriculture, au commerce et à l'industrie, est extrêmement restreint et tend chaque jour à décroître par suite de l'insalubrité du climat, qu'enfin toute la population (environ 12,000 âmes) est concentrée dans l'île de Cayenne, située entre les rivières Ouya et Cayenne. La partie continentale de la colonie est à peine connue. Les épaisses forêts qui la couvrent sont habitées par des sauvages Caraïbes, race féroce qu'on retrouve aussi dans la Guyane anglaise, dans la Guyane hollandaise et au Brésil, et qui ne s'oppose pas avec moins d'énergie que la nature elle-même aux progrès de la civilisation. En résumé, la culture du Cacao est nulle, ou peu s'en faut, dans la Guyane française, et les seuls produits végétaux que nous en recevions actuellement en quantités notables sont le coton, les bois d'ébénisterie, le sucre, le girofle, le café et la vanille.

La Guyane anglaise est beaucoup plus peuplée et beaucoup plus prospère que la Guyane française. On y compte environ 127,000 âmes. Mais les bras y manquent pour la culture depuis l'émancipation des esclaves, beaucoup de nègres préférant la vie sauvage, la chasse et même le brigandage à l'existence plus paisible, plus sûre et plus honnête, mais aussi beaucoup plus laborieuse, qu'ils trouveraient au service des planteurs. D'un autre côté, la culture du Cacao est généralement abandonnée pour celle de la canne à sucre et du café. Encore cette dernière a-t-elle aussi sensiblement perdu de son importance depuis peu de temps. La culture du cotonnier, qui était autrefois pratiquée sur une grande échelle, y est, comme celle du Cacaoyer, en pleine décadence.

C'est à la Guyane hollandaise que la production du Cacao s'est encore maintenue dans les meilleures conditions; elle y est cependant peu considérable, et dépassée de beaucoup par celle du sucre, du coton et du café. La Guyane hollandaise exporte aussi du tabac, de l'indigo et des substances médicinales. Sa population est d'environ 600,000 habitants, la plupart de race noire et esclaves.

L'ancienne Guyane portugaise fait maintenant partie de l'empire du Brésil, sous le nom de province de Rio-Negro. Elle est comprise entre la Guyane française et la rivière des Amazones, et traversée du nord au sud par plusieurs rivières, entre autres l'Arawari et le Macapa. Cette contrée, placée sous l'équateur, paraît médiocrement favorable aux Cacaoyers. Ces arbres y sont de très-petite taille, et les gousses ainsi que leurs fèves présentent des dimensions en rapport avec celles de l'arbrisseau qui les porte. Ils n'y sont généralement l'objet d'aucune culture; ce sont les Indiens qui font, dans les forêts, la récolte des fruits sauvages, et les apportent dans les villes pour les échanger contre divers objets à leur usage.

En continuant de descendre vers le sud au delà du fleuve des Amazones, on arrive dans la fertile province de Para, où, grâce à la qualité du terrain, à la nature du climat et à des cultures plus soignées et plus étendues, le Cacaoyer reprend de la vigueur et donne d'abondantes récoltes.

Bien que le Cacao du Para soit souvent désigné dans le commerce sous le nom de Maranham ou Maragnan, il ne vient point de cette dernière province, mais des districts de Sertao et de Cameta (Para), et c'est à Belem qu'on l'embarque pour l'expédier au dehors. Les récoltes ont lieu aux mois de décembre et de juin. Le Cacao de ces contrées n'est pas aussi savoureux et aussi parfumé que celui du Mexique et du Venezuela ; mais il est supérieur à celui de la Guyane et du Rio-Negro et même à ceux des Antilles et de Bahia.

Malheureusement le Cacao provenant des plantations est souvent mélangé avec celui que les Indiens récoltent dans les forêts, et qui a toujours une verdeur et une amertume désagréables. On évalue aujourd'hui, en moyenne, la production annuelle de Para à 2,800,000 kilogrammes de Cacao, dont la plus grande partie se consomme en France.

On trouve de très-beaux Cacaoyers sur les bords des rivières, dans le gouvernement de Matto-Grosso. Il existe aussi des plantations à Seara et à Pernambuco, ainsi qu'aux environs de Bahia et jusque dans les parties basses de la province de Rio-Janeiro ; mais la qualité du Cacao décroît de nouveau à mesure qu'on s'avance vers le sud ; la culture ne s'étend pas au-dessous de Rio-Janeiro, et les Cacaoyers qu'on rencontre encore çà et là dans les forêts ne portent que des fruits amers et sans parfum , dédaignés même par les Indiens.

Le tableau suivant donne le mouvement des exportations de Bahia en Cacao pendant la période 1841-1859.

(L'année se compute à Bahia, pour les récoltes, du 1er octobre au 30 septembre.)

Années 1841. . . . . . sacs 1,528
      1842. . . . . . — 1,106
      1843. . . . . . — 1,510
      1844. . . . . . — 1,701
      1845. . . . . . — 3,129
      1846. . . . . . — 1,519
      1847. . . . . . — 3,913
      1848. . . . . . — 4,191
      1849. . . . . . — 3,481
      1850. . . . . . — 5,504
      1851. . . . . . — 5,775
      1852. . . . . . — 4,160
      1853. . . . . . — 6,514
      1854. . . . . . — 6,843
      1855. . . . . . — 7,100
      1856. . . . . . — 7,562
      1857. . . . . . — 7,152
      1858. . . . . . — 9,465
      1859. . . . . . — 7,702

La moyenne est donc, pour ces dix-neuf années, de 4,735 sacs. Celle des cinq dernières représente environ 550,000 kilogrammes.

Antilles.

Nous venons de voir, en étudiant la distribution géographique des Cacaoyers sur le continent américain, que les contrées situées entre le 10e et le 18e degrés de latitude sont celles où ces arbres croissent naturellement en plus grande quantité, où leur culture est la plus facile, où leur fève enfin est la plus savoureuse et parfumée. Or, le 10e degré marque aussi la limite méridionale de l'archipel des Antilles, et la grande île de Cuba et les petites îles Bahama sont seules situées au delà du 20° degré. A ne considérer donc que cette condition, une des plus essentielles, sans contredit, les Antilles semblent tout à fait propres à la production du Cacao. Le sol, d'ailleurs, y est fertile; mais il faut tenir compte aussi de l'étendue et de la configuration de ces îles, des vents auxquels elles sont exposées, de leur climat humide ou sec, et d'autres circonstances qui varient considérablement et font que la culture du Cacao, très-facile et très-avantageuse dans quelques-unes, rencontre de grands obstacles ou devient même tout à fait impossible dans d'autres. En général, les plus grandes sont celles où les Cacaoyers peuvent le mieux réussir, parce qu'ils s'y trouvent dans des conditions météorologiques plus analogues à celles du continent. Les plus petites, au contraire, sont trop exposées aux vents de mer, aux tempêtes et aux ouragans, aux brusques changements de température, pour qu'un arbre aussi délicat que le Cacaoyer puisse subsister et fructifier parmi tant de causes de destruction.

Aussi la culture du Cacao, essayée successivement dans presque toutes les Antilles, n'a-t-elle pu se maintenir que dans un certain nombre, et n'a-t-elle vraiment réussi que dans deux ou trois. Il ne sera pas sans intérêt de jeter un coup d'œil sur son his-

toire et son état actuel dans cette partie du nouveau Monde où les États européens ont conservé
tant de colonies importantes.

Cuba. -- Cette île est la plus septentrionale des
Antilles. C'est aussi la plus grande. Elle s'étend de
l'est à l'ouest sur une longueur de 266 lieues, et
sa plus grande largeur est d'environ 50 lieues. Sa
superficie totale est évaluée à 5,600 lieues carrées, pour une population de 800,000 âmes, dont
400,000 blancs et autant de nègres, esclaves pour la
plupart. Cuba jouit d'un beau climat; son sol est
fertile; l'industrie, le commerce et l'agriculture y
sont florissants. La culture du Cacao dans cette île
date d'une époque assez récente. On n'y a longtemps récolté que du Cacao de médiocre qualité,
qui était consommé dans l'île par les nègres et par
les pauvres gens. Encore était-il en très-petite
quantité. Pour suffire à la consommation des gens
riches ou simplement aisés qui font usage du Chocolat tous les jours et presque à toute heure, il fallait faire venir des cargaisons considérables de
Cacaos du continent et principalement de la côte
ferme. Ces Cacaos étaient frappés à l'entrée d'un
droit énorme; de sorte que, dans cette vaste contrée où le Cacaoyer croit naturellement et qui présente les conditions les plus favorables à la multiplication de cet arbre, on payait le Cacao et le Chocolat aussi cher que dans beaucoup de pays où l'ac-
climatation du Cacaoyer est tout à fait impossible.

3

Cet état de choses anormal ne pouvait durer. Il y a quelques années, des planteurs des environs de Santiago firent, avec des graines de Caraque et de Maracaïbo, des essais dont l'heureux résultat donna tout à coup à la culture du Cacaoyer un rapide essor, et la production prit une marche ascendante qui s'est maintenue depuis et promet de ne point se ralentir. L'île suffit maintenant à sa consommation, qui est considérable. Les cargaisons de la côte ferme n'y apparaissent plus que de loin en loin, et trouvent difficilement des acheteurs. Enfin, tandis que l'importation est devenue presque nulle, l'exportation suit d'année en année, sauf quelques oscillations accidentelles, une progression significative. En effet, l'exportation avait été, en 1852, de 2,120 quintaux espagnols. En 1853, elle s'est élevée à 6,297 quintaux. Il est vrai qu'en 1854 elle est retombée à 5,711 ; mais, l'année suivante, elle atteignait le chiffre de 9,102 quintaux. En 1856, elle a été de 9,738, et, en 1857, de 10,680 quintaux. La presque totalité des Cacaos de cette provenance a été embarquée jusqu'à présent pour l'Espagne.

Porto-Rico. — Cette île, la plus petite des Grandes Antilles, est située près de l'extrémité orientale de Saint-Domingue. Comme Cuba, elle est demeurée en la possession de l'Espagne. La culture du Cacaoyer est beaucoup plus ancienne à Porto-Rico qu'à Cuba, puisqu'on en fait remonter l'origine au seizième siècle, c'est-à-dire au début de la colonisation. A cette époque, elle donnait un produit abondant; mais elle y fut, par la suite, fort négligée, au point de suffire tout juste à la consommation intérieure. La population s'accrut considérablement à la fin du siècle dernier, par suite des tragiques événements survenus à Saint-Domingue. Néanmoins la culture du Cacao n'a pris de nos jours, à Porto-Rico, qu'une médiocre extension. Le produit des récoltes est expédié sur les mêmes destinations que celui de Cuba.

Haïti. — C'est la seconde des Antilles par son étendue, qui est de 3,830 lieues carrées. Elle fut découverte le 6 décembre 1492, par Christophe Colomb, qui changea son nom indien d'Haïti en celui d'Hispaniola, auquel on substitua plus tard celui de Santo-Domingo, nom de la première ville qu'on y bâtit, et qui en devint la capitale. Les Espagnols furent les premiers à s'établir dans cette île; mais la possession d'une si belle conquête leur fut vivement et longtemps disputée par les Français, qui s'établirent à leur tour dans la partie occidentale, puis par les fameux aventuriers connus sous le nom de Boucaniers, et enfin par les Anglais, qui tentèrent aussi d'y prendre pied.

Le traité de Ryswick, conclu en 1697, la partagea entre les Français et les Espagnols, qui restèrent maîtres de leurs portions respectives jusqu'à ce que la révolte des esclaves et le massacre des blancs mirent fin à la domination des uns et des autres.

On sait qu'alors les esclaves affranchis rendirent à l'île son nom indien d'Haïti, et se constituèrent en un état démocratique. Cet État se scinda par la suite en deux républiques indépendantes et hostiles : la république Dominicaine, à l'est, formée par la population espagnole, et la république d'Haïti, qui n'est autre que l'ancienne colonie française.

Les Espagnols avaient commencé, dès le début de leur installation, à y cultiver le Cacaoyer. Cette culture y fut quelque temps prospère ; mais à la suite des luttes dont nous venons de parler, elle tomba promptement en décadence, pour ne plus se relever.

La partie française, au contraire, devint florissante dès que la paix fut rétablie. On y cultivait surtout le tabac et la canne à sucre, et un colon nommé Dageron y planta, en 1665, le premier Cacaoyer. Bientôt après, les impôts dont le gouvernement de la métropole frappait le tabac firent abandonner la production de cette denrée à un grand nombre de colons, qui se livrèrent à la culture du Cacaoyer. Cette culture réussit surtout très-bien du côté du Port-Margot et du Port-de-la-Paix, où l'on comptait jusqu'à 20,000 arbres en rapport dans une seule plantation.

Malheureusement l'île fut dévastée, en 1716, par un épouvantable ouragan qui rasa littéralement toutes les cacaoyères, et la culture fut suspendue pendant plusieurs années. On avait seulement conservé çà et là quelques pieds qui ne figuraient plus dans les champs ou dans les jardins qu'à titre d'échantillons de l'espèce.

Cependant de nouvelles plantations faites dans le domaine de Perbach, situé sur le territoire de la paroisse dite Dalmatie, rendirent la vie à cette culture, qui se propagea de nouveau dans la colonie. A la fin du siècle dernier, la France tirait de Saint-Domingue jusqu'à 000,000 livres de Cacao. Mais lorsque les esclaves affranchis devinrent maîtres des propriétés qu'ils cultivaient auparavant pour le compte de leurs maîtres, les plantations furent négligées ou bouleversées et détruites, au milieu des guerres et des troubles qui suivirent la révolution. Elles ont été en partie restaurées depuis, et la culture du Cacao a repris une marche progressive assez soutenue. Il y a lieu d'espérer qu'elle se ressentira, comme les autres, des efforts intelligents et persévérants que fait le gouvernement actuel pour encourager et développer dans la république les arts, l'industrie, l'agriculture et le commerce. Haïti suffit aujourd'hui à sa consommation, et les récoltes laissent, pour le commerce extérieur, un excédant qui s'accroît d'année en année, comme on le verra par le tableau des importations de Cacao en France que nous donnons plus loin (1).

Jamaïque. — La superficie de la Jamaïque est

---

(1) Pièces justificatives, n° 12.

évaluée à 750 lieues carrées, et sa population à 400,000 habitants. Cette île fut d'abord possédée par les Espagnols; mais les Anglais s'en rendirent maîtres en 1665, et elle est actuellement la plus grande et la plus riche de leurs colonies dans le golfe du Mexique. Les Anglais tirèrent d'abord bon parti des plantations de Cacaoyers créées par les Espagnols; mais ces plantations, ayant dépéri peu à peu, ont été en grande partie remplacées par d'autres. La production du Cacao est maintenant peu considérable à la Jamaïque, et absorbée en totalité par la consommation locale et par la métropole. Il ne nous arrive point de Cacao de cette provenance.

Trinité ou *Trinidad*. — C'est la plus grande des Petites-Antilles. Elle est située à l'entrée du golfe de Paria, au nord-est et à peu de distance de la côte de Caracas. On n'y cultive le Cacaoyer que depuis quelques années, mais la production augmente rapidement; les arbres réussissent bien et donnent des fruits abondants et de bonne qualité. La Trinité produit actuellement, année commune, 2,500,000 kilog. de Cacao. Cette île paraît donc destinée à prendre bientôt rang parmi les pays qui alimentent le commerce européen.

Nous n'avons rien d'intéressant à dire sur la culture du Cacaoyer dans les autres Antilles anglaises, sinon que les îles de *Sainte-Croix* et de *Sainte-Lucie* sont les seules qui expédient au dehors, de temps à autre, quelques cargaisons de Cacao.

Guadeloupe. — La superficie de la Guadeloupe est de 100 lieues carrées, et sa population d'environ 130,000 habitants, la plupart nègres ou mulâtres. Un étroit bras de mer la partage en deux moitiés : l'une orientale, appelée Grande-Terre; l'autre occidentale, désignée sous le nom de Basse-Terre. Le Cacaoyer est cultivé à la Guadeloupe concurremment avec l'indigo, le café, la canne à sucre, etc.; mais les plantations sont peu nombreuses et la production insignifiante.

Martinique. — La Martinique est, avec la Guadeloupe, tout ce que la France possède dans les Antilles. Sa superficie est de 47 lieues carrées, et sa population de 120,000 habitants, dont les deux tiers sont de race noire. On sait que ses principales productions sont le café, le sucre et le tabac. La culture du Cacaoyer ne laisse cependant pas d'y occuper une place assez importante. Elle remonte au milieu du dix-septième siècle, et se pratiquait avec suite dès 1660. La première plantation fut faite, à ce qu'on croit, par un juif nommé Benjamin Da Costa. La faveur que prit l'usage du Chocolat dans la métropole et la certitude d'écouler à des prix avantageux le produit des récoltes encouragèrent cette culture, qui devint la ressource des colons auxquels leurs moyens ne permettaient pas d'entreprendre celle de la canne à sucre.

Mais en 1727, la plupart des cacaoyères furent détruites par un ouragan suivi d'une inondation qui submergea tout le pays.

Ce fut à la suite de ce cataclysme que le caféier, dont le premier pied avait été apporté quatre ans auparavant par Déclieu, commença d'être de la part des colons l'objet d'une préférence marquée. Une grande partie du terrain, naguère planté en Cacaoyers, fut alors consacrée à la culture du café. Cependant, comme la colonie prospérait et que la population augmentait, les deux cultures purent se développer parallèlement; et, bien que la seconde eût décidément l'avantage, la première se maintint sur un pied respectable, grâce surtout à l'édit royal qui réduisit à 10 centimes par livre le droit d'entrée sur les Cacaos des colonies françaises.

En 1775, on comptait à la Martinique 1,400,000 pieds de Cacao, et cette île suffisait, avec Saint-Domingue, à la consommation de la France. On y vit ensuite la culture du Cacao décliner sensiblement, et elle ne possédait, il y a une trentaine d'années, que quelques plantations bien entretenues. Mais la production s'est relevée depuis, à mesure que l'usage du Chocolat se généralisait et que la consommation s'accroissait dans la métropole. Les cacaoyères sont aujourd'hui assez nombreuses à la Martinique, et cette île nous expédie, dans les bonnes années, de 400 à 450,000 kilogrammes de Cacao.

Le Cacaoyer, avons-nous dit, est de complexion délicate; il ne peut vivre et prospérer sous un ciel étranger qu'autant qu'il y retrouve le même sol, la même atmosphère et la même température que dans

sa patrie. Aussi, tandis que le caféier s'est si bien
répandu et multiplié dans les deux hémisphères, le
Cacaoyer est-il resté à peu près circonscrit, jusqu'à
présent, dans les régions équatoriales du nouveau
Monde. On a réussi cependant à l'acclimater dans
quelques pays situés sous les latitudes correspon-
dantes de l'ancien hémisphère. Les Espagnols le
cultivent aux îles Canaries, et les Français à l'île de
la Réunion. Les Hollandais ont établi aussi, dans
leurs colonies de l'océan Indien, à Java, à Manille,
aux îles Philippines, d'importantes plantations dont
les produits sont supérieurs en qualité à ceux de nos
Antilles. Cette expérience a, selon nous, une grande
portée : non-seulement en raison de ses résultats di-
rects et immédiats, mais parce qu'elle démontre la
possibilité de transplanter et de propager avec succès
le Cacaoyer comme le caféier, pourvu qu'on sache
bien choisir le terrain qu'on lui destine.

Parmi les innombrables îles dont les Européens
se sont emparés dans cet immense Archipel qui
forme la cinquième partie du monde, sans savoir au
juste quel parti ils en pourraient tirer, beaucoup
sans doute se prêteraient admirablement à cette culture, et offriraient ainsi aux émigrants un but positif, une vie tranquille et douce, un travail facile
et des profits certains.

Cette remarque mérite peut-être de ne point passer inaperçue dans un moment où l'on s'occupe de
coloniser nos possessions dans l'Océanie.

3.

III

CULTURE DU CACAOYER.

« Le Theobroma Cacao, disent Humboldt et Bon-
» pland, dans leur *Physique générale et Géographie*
» *des plantes* , exige une atmosphère humide, un ciel
» souvent nuageux et une température moyenne de
» 29 à 23 degrés, jamais au-dessous. »

De son côté, M. Boussingault, dans une Note sur
la culture du Cacaoyer lue à l'Académie des sciences
le 31 octobre 1836, s'exprime ainsi :

« Avant tout, il faut, pour la réussite du Cacaoyer,
» de la chaleur, de l'ombre et de l'humidité. Aussi
» fait-on généralement choix d'un terrain vierge,
» sur les bords d'une rivière, pour avoir une irriga-
» tion suffisante.

» La culture du Cacao ne réussit que dans les
» lieux où la température moyenne est de 24 à 27°.
» Elle est dans le plus grand état de prospérité sur
» les côtes de l'Océan, là où la température moyenne
» s'élève à 27°, 5. »

M. Boussingault n'a jamais vu de cacaoyère qui
pût subsister dans un endroit où la température
moyenne fût au-dessous de 28°, ce qui concorde

parfaitement, comme on voit, avec les observations de MM. de Humboldt et Bonpland. Il remarque, en outre, que, si l'on examine une série de plantes équinoxiales végétant au niveau de la mer, à la température de 27°, 5, telles que le bananier, le cacaoyer, le manioc, le cotonnier, l'indigotier, le caféier, la canne à sucre, le maïs, et si l'on s'élève au-dessus de l'Océan, on voit d'abord disparaître les cultures d'indigo, de manioc et de cacao, bien que les autres cultures continuent à être très-productives.

Le caféier et le cotonnier disparaissent à leur tour si le sol s'élève davantage ou que la température s'abaisse, la canne à sucre donnant toujours du jus en abondance, et le bananier portant encore des régimes de bananes.

Enfin, en s'élevant encore, on cesse de rencontrer la canne et le bananier; le maïs reste seul dans cette région, qui est celle des graminées européennes. Le Cacaoyer est donc du petit nombre des plantes équinoxiales qui ne peuvent subsister que dans une zone extrêmement étroite, et il présente ce caractère particulier d'exiger non-seulement une température comprise entre deux limites très-rapprochées l'une de l'autre sur l'échelle thermométrique, mais encore une atmosphère humide et calme, un terrain également humide, et le voisinage d'arbres et de plantes qui, sans nuire à son développement, le garantissent contre les ardeurs du soleil et contre l'injure des éléments.

Pour reconnaître la température moyenne d'une localité où l'on se propose de planter des Cacaoyers, M. Boussingault conseille de recourir à une sorte de sondage en introduisant le thermomètre sur divers points, à une profondeur de 50 à 60 centimètres dans le sol. On peut être certain que si le thermomètre descend au-dessous de 24° le sol est impropre à cette culture.

Selon le même auteur, l'air d'une cacaoyère ne saurait jamais être trop humide. Dans celles qu'il a été à même d'étudier, son hygromètre marquait de 95° à 98°, même à deux et trois heures de l'après-midi, c'est-à-dire au moment où l'air contient le moins d'humidité apparente. Aussi la grande culture du Cacao a-t-elle son siége dans les vallées les plus chaudes et les plus humides des contrées intertropicales, et les plantations sont-elles soumises en outre à un système d'ombrage qui les maintient dans une sorte de bain de vapeur, à une température élevée et à peu près constante.

Les Cacaoyers se multiplient bien par le semis. C'est donc par ce moyen qu'on établit la plupart des plantations. On choisit, à une hauteur et à une exposition convenables, un terrain qui présente les conditions essentielles de température et d'humidité que nous venons d'indiquer.

Ce terrain doit être profond, léger. La meilleure terre est celle qui est noire ou rougeâtre, riche en matières organiques, et mélangée d'une certaine proportion de sable et de gravier. Les Cacaoyers y croissent vite, et donnent des fruits en abondance au bout de trois ans.

Ordinairement, on défriche tout exprès le terrain où l'on veut planter des Cacaoyers. Comme on l'a vu plus haut, le sol qui a déjà été employé à d'autres cultures, alors même qu'on l'a laissé reposer pendant un certain temps, est peu favorable à celle de l'arbre qui nous occupe, tandis qu'un sol vierge, au contraire, lui convient parfaitement.

On arrache les arbustes et les herbes qui le couvrent ; on les brûle sur place, puis on laboure le terrain et on le remue avec la houe le plus profondément possible, en ayant soin de le purger des racines qu'on y rencontre, et on l'aplanit. L'étendue convenable à donner à une cacaoyère est d'environ 15 hectares. On l'entoure d'une haie de citronniers ou de bananiers pour l'abriter du vent ; mais cela ne suffit pas ; il faut aussi de ces arbres dans le champ même. On choisit presque toujours les bananiers, parce qu'ils ont l'avantage de croître rapidement et d'atteindre une taille assez haute pour dominer les Cacaoyers, sans cependant s'élever plus qu'il ne faudrait, et parce que leur feuillage épais s'étend de manière à former au-dessus de la plantation un abri régulier qui tamise les rayons solaires plutôt qu'il ne les intercepte, et laisse à l'air une circulation suffisante. Enfin le bananier est un arbre des plus utiles, dont les fruits sont pour le cultiva-

leur un aliment agréable et une précieuse ressource.
On plante aussi dans les intervalles, entre les cacaoyers et les bananiers, des maniocs, d'où l'on tire
une fécule très-nutritive, objet d'un commerce considérable, des patates, des melons et d'autres plantes potagères. On voit donc qu'il est difficile de
trouver un genre de culture plus avantageux que
celle du Cacao, puisqu'en outre de ce produit elle
permet d'en récolter, sur le même terrain, plusieurs autres également utiles, soit comme objet de
consommation pour le colon lui-même, soit comme
articles de commerce et d'exportation.

Les semailles se font de la manière suivante.
On détermine la place que doivent occuper les Cacaoyers, au moyen de piquets que l'on plante symétriquement en terre à 3 mètres au moins de
distance les uns des autres, de manière à former
des rangées parallèles. Une plantation bien alignée
n'a pas seulement l'avantage d'être d'un aspect
agréable ; elle rend aussi la surveillance et l'entretien plus faciles, et permet d'effectuer les récoltes
plus commodément, en moins de temps et avec
moins de pertes.

Pour entretenir dans le sol et dans l'atmosphère
l'humidité dont ils ont besoin, on y creuse souvent
des rigoles où l'on fait circuler les eaux d'une rivière voisine, ce qui est en même temps un moyen
de prévenir les inondations. Les rigoles doivent être
creusées de plus en plus à mesure que les arbres,

en vieillissant, enfoncent plus profondément leurs racines dans le sol.

Ces précautions prises, on peut semer les graines aux endroits marqués par les piquets, comme il est dit ci-dessus. Ces graines doivent être tirées de fruits bien mûrs, récemment cueillis, et il faut se hâter de les semer; car, une fois extraites, elles perdent en peu de temps leur faculté germinatrice. On les place presque à fleur de terre, le gros bout en bas; on les recouvre de feuilles de bananier et on les arrose, sans jamais y laisser séjourner l'eau. C'est au mois de novembre que se fait cette opération. Au bout de quinze jours la graine a levé, et la jeune plante a déjà 12 à 15 centimètres de haut; elle porte quatre ou six feuilles couplées, qui s'étendent très-également.

« A un an, dit M. Boussingault, l'arbre à Cacao, » venu dans un bon terrain, a de 0^m,7 à 0^m,8 de » hauteur, et porte alors seize à dix-huit feuilles. » A deux ans, il a déjà 1^m,2 à 1^{m}6. Il commence à » porter des fleurs à trente mois; il est productif à » la quatrième année dans les circonstances favora- » bles. Le fruit met ordinairement quatre mois à se » développer et à mûrir, à compter du moment de » la chute des fleurs.

» On dit communément qu'on fait deux récoltes de » Cacao par an. Il y a, en effet, deux époques de l'an- » née où se récolte la plus grande quantité de ces » fruits; mais la vérité est que, dans une grande cul-

» ture, on récolte tous les jours de l'année, car il y a
» toujours des fleurs et des fruits sur le même arbre.

» La durée moyenne d'un Cacaoyer peut être
» évaluée à trente ans. A cet âge, cet arbre a envi-
» ron 5 mètres de hauteur, et fournit seulement par
» an une livre et demie à trois livres de Cacao sec.
» Cet arbre arrive quelquefois à l'âge de cinquante
» ans, mais produit alors sensiblement moins. »

Selon quelques auteurs, la méthode des semis
est vicieuse et expose le planteur à des pertes considérables, causées par les nombreux insectes qui
envahissent la plantation et détruisent les graines
avant qu'elles aient pu lever. Il serait, dans ce cas,
plus avantageux de former des pépinières et d'y
laisser les jeunes Cacaoyers croître jusqu'à ce qu'ils
aient atteint 40 ou 50 centimètres de hauteur. Le
sol de ces pépinières doit être substantiel et bien
ameubli. On y plante les graines deux à deux, à
35 ou 40 centimètres de distance, avec les précautions indiquées pour le semis dans la plantation
même. Si les deux graines lèvent, on coupe celui
des deux pieds qui paraît le moins fort ; on laisse
arriver l'autre à la hauteur voulue, puis on l'enlève avec sa motte de terre, en prenant garde de
ne point entamer la racine et même de ne point
recourber le pivot, et on le transporte ainsi dans la
cacaoyère, où l'on a creusé d'avance un trou pour le
recevoir. Si, par la suite, quelques pieds viennent
à périr, on doit aussitôt les remplacer.

Les plants dans les pépinières exigent des soins particuliers. Dans quelques pays on construit, pour les abriter contre les ardeurs du soleil, une sorte de serres ou plutôt de hangars ouverts sur les côtés et dont le toit est formé de feuilles de palmier.

Lorsque les arbres ont deux ans, ils commencent à pousser des rameaux : quand le nombre de ces rameaux dépasse cinq, on coupe ceux qui se trouvent en plus, pour que ceux qui restent acquièrent plus de vigueur, et si ces derniers tendent à se coucher, on les relève et on les lie fortement afin de les soutenir. Les feuilles cessent alors de croître sur le tronc. L'arbre porte à deux ans et demi ses premières fleurs : on les coupe à mesure qu'elles se montrent, pendant dix-huit mois environ. Au bout de ce temps, le Cacaoyer est vigoureux, son feuillage est touffu et les fleurs qui poussent sur ses branches font place à des fruits volumineux et bien nourris. Il s'écoule quatre mois entre la chute de la fleur et la parfaite maturité du fruit. On reconnaît que les cabosses sont mûres à leur couleur rouge ou jaune ou mêlée de l'une et de l'autre, suivant l'espèce. Elles ne sont pas abondantes pendant les premières années; mais lorsque les arbres sont en pleine végétation, c'est-à-dire à l'âge d'environ huit ans, ils produisent quelquefois, dans une saison, cent cinquante ou deux cents fruits, et cette fécondité peut se soutenir, s'ils sont bien soignés, pendant vingt-cinq ou trente ans. Elle commence ensuite à diminuer. A l'âge de cinquante-cinq ou soixante ans l'arbre est vieux, sa sève et sa force végétative sont épuisées : il a fait son temps.

Un assez grand nombre d'animaux disputent au planteur les produits de ses travaux et de ses soins et l'obligent à faire bonne garde dans sa cacaoyère. Les plus dangereux sont les insectes, parce qu'il est plus difficile et quelquefois impossible de les atteindre, et que, dans certaines années, ils se multiplient d'une manière effrayante. On cite, parmi ceux qui font le plus de dégâts, le ver appelé dans la province de Caracas *Goasimo* ou *Angaripola*, et qui s'attaque de préférence aux feuilles du Cacaoyer; les *Vachacos*, qui détruisent les feuilles et les fleurs, et plusieurs autres larves d'insectes qui rongent, les unes l'écorce, les autres le bois ou le cœur même de l'arbre.

Lorsque les cerfs pénètrent dans les cacaoyères, ils y exercent de grands ravages, non-seulement en mangeant les fruits et les feuilles qu'ils peuvent atteindre, mais en brisant les branches et en labourent l'écorce du tronc avec leur bois; les singes, les agoutis, les écureuils, les perroquets, sont très-friands du Cacao. Mais il est facile d'éloigner ou de détruire ces animaux, soit en entourant les cacaoyères de palissades serrées que les gros quadrupèdes ne peuvent franchir, soit en faisant la chasse à coups de fusil ou avec des piéges à ceux qu'on ne peut empêcher de pénétrer dans l'enclos.

Quant aux animaux insectivores, il serait à désirer que les colons, non contents de les épargner, pussent trouver moyen de les attirer et d'en favoriser la multiplication. Nous en dirons autant des petits carnivores, tels, par exemple, que les différentes variétés de chats sauvages, qui ne mangent point de matières végétales, n'attaquent point l'homme, et font, au contraire, une guerre meurtrière aux rongeurs, aux singes et aux perroquets.

IV

RÉCOLTE ET PRÉPARATION DU CACAO.

Le Cacaoyer, comme nous l'avons dit, porte en tout temps des fleurs et des fruits. La récolte est donc à peu près permanente, surtout dans les grandes exploitations. Toutefois, c'est pendant l'hivernage, au mois de juin, et au commencement de l'été, c'est-à-dire au mois de décembre dans les pays situés au-dessous de l'Équateur, que se font généralement les deux grandes récoltes.

Au Brésil, la récolte d'hiver, qui est la plus productive, se fait en juin et juillet; celle d'été ne commence qu'en janvier ou même en février. Au Mexique, la récolte principale a lieu dans les mois de mars et d'avril; la petite récolte s'effectue en octobre.

Ce qui vient d'être dit s'applique exclusivement au Cacao cultivé (*Cacao domato*). Quant au Cacao sauvage (*Cacao bravo*), on ne le récolte qu'une fois l'an, au mois de décembre. C'est surtout au Brésil que cette opération s'exécute sur une grande échelle. Tantôt ce sont les principaux négociants des villes commerçantes qui organisent pour cela des expédi-

tions ; tantôt ce sont les Indiens qui cueillent les
fruits mûrs dans les forêts de Cacaoyers, et en retirent les fèves, qu'ils font sécher au soleil et qu'ils
apportent dans leurs pirogues sur les marchés,
pour les troquer contre des armes, des vêtements
et d'autres produits européens. Ce Cacao sauvage,
bien inférieur par lui-même au Cacao cultivé, contient toujours, en outre, une grande quantité de
fèves encore vertes ou gâtées.

Quelques cultivateurs sont persuadés qu'il ne faut
pas cueillir les cabosses au moment où la lune est à
son déclin. Avons-nous besoin de dire que ce sont
là des préjugés qu'entretient seule l'ignorance de la
majorité des colons?

L'essentiel est de ne cueillir que les fruits bien
mûrs, d'un rouge ou d'un jaune vif sur toute leur
surface, et dont l'extrémité inférieure conserve
seule une teinte verdâtre. Il suffit de quelques
grains encore verts pour déprécier le produit d'une
récolte. Ces grains ont, en effet, une saveur âcre et
amère, qui, par le broyage, se communiquerait à
toute la masse si l'on n'avait soin de les enlever avant
d'employer le Cacao à la fabrication du Chocolat; et
ce triage, outre qu'il augmente la main-d'œuvre,
entraîne un notable déchet sur la quantité. Les cabosses abattues accidentellement avant leur maturité
doivent être exposées pendant trois jours au soleil
avant d'être ouvertes, et leurs graines mises à part
pour être vendues comme qualité inférieure.

Il importe donc que le travail de la cueillette soit confié à un nègre soigneux et doué d'une bonne vue, qui puisse distinguer dans l'arbre les fruits mûrs et les atteindre avec sa gaule sans faire tomber maladroitement les fruits verts. La gaule dont on se sert est terminée par une petite fourche à l'aide de laquelle on saisit chaque cabosse et on la retourne au besoin, avant de l'arracher, pour s'assurer qu'elle offre sur toutes ses faces la nuance voulue. A mesure que le nègre récolteur fait tomber les cabosses à terre, un autre nègre les ramasse et en forme des tas qu'on enlève ensuite dans des paniers ou sur des brouettes, pour les porter à la case. Là des femmes et des enfants les ouvrent avec des couteaux et des maillets et enlèvent avec une spatule de bois les graines qu'ils répandent sur une place bien nettoyée et garnie de feuilles vertes de bananier.

Lorsque le temps est beau, l'écossage peut se faire sur place, au pied des arbres ; les cosses sont laissées sur le sol et servent à le fumer.

Les graines subissent ensuite une préparation dont le mode varie selon les pays, mais qui a toujours pour but d'y développer, par un commencement de fermentation, le principe aromatique, aux dépens des principes âcres qu'elles renferment au moment où elles viennent d'être cueillies. Le procédé le plus usité est celui qu'on désigne sous le nom de terrage. Voici comment il se pratique :

On creuse dans le sol des fosses peu profondes,

on y jette les graines, on les recouvre d'une légère
couche de sable fin, et on les laisse ainsi pendant
trois ou quatre jours, en ayant soin de les remuer
de temps à autre, afin d'empêcher que la fermentation ne dégénère en moisissure ou en décomposition
putride. On les enlève ensuite, on les débarrasse de
la pulpe qui est restée adhérente à leur surface et
on les étend au soleil sur des nattes de jonc pour les
faire sécher.

Si le terrage a été trop prolongé, ou qu'on ait né-
gligé de remuer les graines assez souvent, le Cacao
peut avoir une odeur et un goût de moisi qu'on fait
disparaître en le torréfiant. Mais lorsque l'opération
a été bien conduite, il a, au contraire, un parfum
et une saveur agréables. Après qu'elles ont été
séchées, les graines deviennent aussi plus légères,
d'une couleur plus foncée; elles ne peuvent plus
germer et se conservent longtemps. On reconnaît
qu'elles sont arrivées au degré convenable de dessiccation lorsqu'elles résonnent étant secouées les unes
contre les autres, et lorsqu'on les fait éclater en
les serrant dans la main.

On les met alors dans des caisses ou dans des
sacs de toile qu'on laisse ouverts et qu'on range sur
des planches élevées de quelques décimètres au-dessus du sol. Le Cacao reste là jusqu'à ce qu'on puisse
le vendre, ce qu'on fait le plus tôt possible, sans
quoi les plus grandes précautions le préserveraient
difficilement des atteintes des insectes, particulière-

ment d'une espèce de teigne appelée *friande à cho-colat*, et très-commune dans les pays chauds.

Le terrage est en faveur à Caracas et sur toute la côte ferme, ainsi que dans les cacaoyères du Mexi-que. Dans la province de Guayaquil et dans les An-tilles, la fermentation s'opère dans de grandes auges en bois faites pour cet usage. Ailleurs encore on se borne simplement à écosser les graines et à les faire sécher au soleil. Ce dernier procédé, un peu trop élémentaire, ne s'applique guère qu'au Cacao *bravo* ou sauvage, qu'on récolte dans les forêts.

Nous décrirons plus loin les caractères propres aux différentes sortes de Cacao qui ont cours dans le commerce. Qu'il nous suffise de dire ici que le Cacao récolté en temps convenable est gris-brun; sa pellicule est unie ou très-légèrement ridée; son amande est lisse et remplit entièrement l'arille. Elle est d'une couleur brune dont la nuance varie selon l'espèce, mais qui ne doit jamais tirer sur le noir ou sur le verdâtre. Enfin sa saveur est agréable, quoique un peu amère et astringente. Le Cacao cru n'a qu'une faible odeur; son arome ne se développe réellement que par la torréfaction. Il va sans dire qu'on doit le rejeter lorsqu'il a été attaqué par les vers.

V

PARALLÈLE DE LA CULTURE DU CACAOYER ET DE CELLES
DU CAFÉIER ET DE LA CANNE A SUCRE.

Une cacaoyère bien tenue coûte peu et rapporte
beaucoup. Une vingtaine de travailleurs suffisent
pour entretenir 50,000 pieds de Cacaoyers, qui peuvent donner en moyenne chaque année de 75,000 à
80,000 kilogrammes de graines dont le produit est
presque tout bénéfice, déduction faite du prix du
terrain et des frais de premier établissement. C'est
ce qui a fait dire à Labat qu'une cacaoyère est une
mine d'or, tandis qu'une plantation de cannes à
sucre n'est qu'une mine de fer.

Nous n'oserions soutenir la parfaite justesse de
cette comparaison, et il n'est point dans notre pensée
de prétendre que la culture du Cacaoyer doive être
préférée d'une manière absolue à celle de la canne
à sucre, du caféier, de l'indigotier ou des plantes à
épices. Toutes ces cultures sont utiles à des titres
divers; toutes contribuent à entretenir la vie et l'activité dans des contrées dont le climat ne comporte
pas un sérieux développement de l'industrie manu-
facturière, et qui doivent trouver dans l'exploitation

4

des produits naturels la principale source de leur richesse; toutes répondent à des besoins de plus en
plus impérieux et universels, et les nations civilisées leur doivent en grande partie l'état florissant
de leur industrie, de leur commerce et surtout de
leur marine.

Chacune de ces cultures a d'ailleurs sa place marquée par la nature, et leur extension doit se régler
à la fois sur les conditions physiques qui leur conviennent et sur la manifestation des besoins qu'elles
ont pour but de satisfaire.

Il serait donc peu juste et peu sensé d'en favoriser aucune au détriment des autres, ou de vouloir
persuader aux colons d'abandonner celle dont les
bons résultats leur sont garantis par l'expérience,
pour en aborder une autre dont le succès serait in-
certain.

Cependant, si les agronomes font sagement de
recommander aux habitants de nos campagnes telle
culture à laquelle leurs champs se prêteraient bien,
dont les produits s'écouleraient aisément et avec
profit, mais que l'incurie, l'ignorance ou des pré-
ventions mal fondées leur font négliger, il ne semble
pas moins utile de signaler aux planteurs, conquérants pacifiques des terres équinoxiales, une branche
de travail que tous n'apprécient pas selon son importance réelle dans le présent et dans l'avenir.

Si l'on considère les choses au point de vue de
l'intérêt général, — ce mot étant pris dans son ac-

ception la plus large, — et qu'on prenne, pour les
comparer au Cacaoyer, les deux plantes qui lui font
la plus redoutable concurrence, le caféier et la canne
à sucre, on ne peut nier que le premier ne doive
l'emporter de beaucoup sur les seconds.

En effet, le caféier fournit à l'homme une liqueur
parfumée, bienfaisante pour quiconque sait n'en
point abuser. Le café est doué de propriétés uni-
ques; il n'a point de succédané; s'il venait à disparaître, rien ne pourrait le faire oublier à ses vrais
amateurs, — et ils sont nombreux. Mais il faut bien
l'avouer, ce n'est qu'une boisson de luxe, de sensualité raffinée. Si rien ne le remplace, il ne remplace rien; il ne nourrit ni ne désaltère; le besoin
que nous en avons, nous nous le sommes fait, comme
celui du tabac; son absence serait pour beaucoup,
dans la génération présente, une privation réelle;
mais nos enfants n'y songeraient pas : ils s'en pas-
seraient comme nos ancêtres ont fait pendant une
longue suite de siècles, et un jour ils se demande-
raient avec étonnement quel charme pouvait bien
avoir pour leurs aïeux cette infusion noire et amère
dont ils liraient l'éloge enthousiaste dans quelques
écrits de notre temps.

On n'en saurait dire autant du sucre, substance
unique aussi, mais qui a des titres beaucoup plus
sérieux à notre estime et à notre reconnaissance.
Le sucre ne possède, à proprement parler, aucune
propriété, hormis sa saveur particulière. Sa valeur

comme aliment est nulle, ou peu s'en faut. Il n'a
d'action ni sur le sang, ni sur les humeurs, ni sur
les nerfs, ni sur les intestins, ni sur le foie, ni sur
la rate; — gardons-nous de le lui reprocher. Sa saveur vaut à elle seule toutes les autres vertus qu'il
n'a pas, puisqu'elle nous fait trouver délicieux ou
tout au moins supportables tant d'aliments et de
breuvages de toutes sortes, — y compris le Cacao, le
café, le thé, — que, sans le sucre, nous n'avale-
rions qu'avec une extrême répugnance. Le sucre
remplace avec une incomparable supériorité le miel,
dont les anciens se servaient faute de mieux, mais
dont le goût délicat des modernes aurait de la peine
à se contenter, et qui a d'ailleurs l'inconvénient
d'être *rafraîchissant*. Si le sucre n'existait pas, il faudrait l'inventer; si, par impossible, il disparaissait,
— qu'on nous permette une seconde fois cette hypothèse, — nos ressources alimentaires et théra-
peutiques subiraient instantanément une diminution
désastreuse; l'hygiène, l'industrie, le commerce
seraient partout frappés d'un coup terrible et profond, dont les suites se feraient sentir pendant de
longues années. Ce serait une véritable calamité
sociale.

C'est pourquoi, si la canne était la seule source
d'où l'on pût tirer ce suc précieux, il faudrait lui
donner le pas sur toutes les plantes qui croissent
sous le même ciel; il faudrait apporter à sa conservation et à sa propagation des soins presque reli-

gieux et enjoindre aux colons, à propos de la canne
à sucre, ce que le poëte Horace conseillait à son
ami Quintilius Varus au sujet de la vigne :

Nullam , Vare , sacra vite prius severis arborem.

Heureusement il n'en est pas ainsi. La nature a
mis dans la séve de plusieurs végétaux du sucre
absolument semblable à celui de la graminée des
tropiques. Une racine indigène des plus vulgaires ,
longtemps abandonnée en pâture aux bestiaux, en
fournit abondamment et à peu de frais, et aussi
cette racine est-elle devenue en Europe la base
d'une exploitation considérable (1).

Est-ce à dire que nous puissions espérer de par-
venir, même dans un avenir éloigné, à produire
assez de sucre pour notre consommation toujours
croissante, et que la canne doive un jour être dé-
trônée par la betterave? Rien n'est moins probable,

---

(1) Les quantités de betteraves sucrières récoltées en France
pendant l'année 1856, et leur rendement présumé en sucre, s'é-
tablissent comme suit :

RÉGIONS.	NOMBRE de FABRIQUES.	HECTARES CULTIVÉS.	BETTERAVES RÉCOLTÉES.	RENDEMENT PRÉSUMÉ EN SUCRE.
Nord.	280	54,834	1,793,340,000 k.	91,427,364 k.
Centre et Puy-de-Dôme.	9	3,565	111,410,000 »	5,851,375 »
Est.	1	200	400,000 »	160,900 »
Totaux. . .	290	58,599	1,905,150,000 k.	97,439,639 k.

(Dict. univ. du Commerce et de la Navig.,
art. Betteraves.)

4.

et l'on sait que l'industrie des sucres indigènes ne soutient ses progrès que grâce aux droits élevés qui frappent à l'entrée le sucre de provenance étrangère et même celui de nos colonies. Toutefois, cette industrie est à même de suppléer, le cas échéant, dans une notable mesure, à la diminution, soit accidentelle, soit permanente des arrivages d'outre-mer. Les planteurs ne sont donc plus maîtres du marché, et déjà l'état des choses leur fait une loi de modérer leur production plutôt que de l'augmenter.

Le Cacao n'est pas, comme le café, une importation de fantaisie qui, en nous apportant un besoin factice, réduit, de tout ce que nous dépensons à le satisfaire, les ressources destinées à pourvoir aux nécessités réelles de la vie. Ce n'est pas non plus, comme le sucre, un condiment dont le seul emploi consiste à édulcorer les aliments, boissons et médicaments trop fades ou trop amers ou trop acides par eux-mêmes. C'est, ainsi qu'on le verra plus loin, une matière éminemment nutritive, susceptible de remplacer le pain et même la viande, parce qu'elle contient tous les principes propres à la réparation des fluides et des tissus de l'organisme et à l'entretien du foyer respiratoire. Le Cacao possède en outre, pour l'immense majorité des consommateurs, des qualités exceptionnelles qu'exprime fidèlement le nom poétique de *theobroma* (ambroisie) dont il fut baptisé par le grand Linné. Il ne flatte, à la vérité, notre palais, à nous autres Européens, que lorsqu'il est intimement mélangé avec une assez grande quantité de sucre ; mais le sucre lui-même, nous l'avons reconnu, n'a de valeur que par la façon heureuse dont il modifie la saveur du Cacao et d'autres substances analogues. On vivrait plusieurs mois, plusieurs années peut-être, sans aucun inconvénient, de *Chocolat sans sucre,* c'est-à-dire d'amandes de Cacao simplement torréfiées ; avec du sucre seul, on parviendrait à peine à se sustenter pendant quelques jours ; des animaux soumis à ce régime sont morts d'inanition en peu de temps.

Le Cacao, en un mot, peut servir et, dans certains pays, sert en effet de base à l'alimentation de l'homme ; témoin les anciens Mexicains, chez lesquels il ne jouait pas un rôle moins important que ne fait chez nous le blé ; témoin aussi les Mexicains modernes, tous les créoles d'origine espagnole et portugaise, et de plus les Espagnols et les Portugais d'Europe, gens sobres en général, n'ayant point les appétits carnassiers des peuples du Nord, et qui font entrer le Chocolat au moins pour moitié dans leur régime habituel. Le sucre n'est et ne peut être qu'un condiment, un accessoire.

En résumé, le café est agréable, et n'est guère que cela. S'il rend parfois des services réels, le mérite en est bien compensé par le mal physique et moral dont il devient trop souvent la cause directe ou indirecte.

Le sucre est à la fois agréable et utile ; mais son

utilité n'est que relative et son rôle tout à fait secondaire.

Le Cacao est à la fois utile et agréable; son utilité est intrinsèque et positive et ses inconvénients sont nuls. On a des grâces à lui rendre et point de reproches à lui faire. C'est une richesse matérielle ajoutée à celles que nous possédions déjà, et cela sans préjudice pour aucune d'elles.

D'où il est permis de conclure rigoureusement que, si la culture des végétaux qui fournissent ces trois substances était réglée selon l'intérêt social et humanitaire, le Cacaoyer devrait occuper le premier rang, la canne à sucre le second, et le caféier seulement le troisième.

Si maintenant nous nous plaçons au point de vue de l'intérêt des colons et de celui, plus large, de la colonisation, de l'agriculture, du commerce, de la civilisation enfin, la question change de face, devient beaucoup plus complexe et ne se résout plus d'une manière aussi générale et aussi absolue. La canne à sucre, toutes choses supposées d'ailleurs égales, semblerait devoir être rejetée au troisième rang, en raison de la concurrence que lui fait la betterave, rivale puissante par ses qualités propres, puissante aussi par la sollicitude et la protection dont elle est l'objet dans les États de l'Europe. Mais d'autre part la consommation du sucre est de beaucoup la plus considérable : elle atteignait pour le monde entier, d'après les derniers relevés, une moyenne annuelle de près d'un milliard de kilogrammes, et elle va toujours croissant. C'est là un fait qu'il faut constater sans le discuter et qui s'explique, du reste, par l'immense étendue des contrées propres à la culture de la canne et de la betterave, par le bon marché auquel le sucre peut être livré au commerce, et par l'universalité de son usage. Encore faut-il remarquer que, les autres cultures de première utilité laissant, dans les climats froids ou tempérés, peu de place à celle de la betterave, la canne, à laquelle, par des considérations abstraites, nous n'assignions tout à l'heure que le deuxième rang entre le Cacao et le café, occupe en réalité le premier.

Le café, par des causes analogues, vient en second lieu, mais à distance,

Proximus huic, longo sed proximus intervallo;

car les calculs les plus élevés ne font pas monter la production totale annuelle de cette graine à trois cents millions de kilogrammes. Le caféier, dont les *mœurs*, si l'on veut nous permettre cette figure, se rapprochent d'ailleurs beaucoup de celles du Cacaoyer, s'accommode cependant d'un climat moins chaud, d'un air et d'un sol moins humides. La température peut, sans qu'il en souffre, descendre à 10 degrés; tandis que, pour le Cacaoyer, elle ne doit pas être de moins de 23 ou 24°. Cette circonstance, on le conçoit, ouvre à la culture du ca-

féier un champ beaucoup plus vaste; et aussi le
voit-on réussir et donner de bonnes récoltes sur
une large zone enveloppant presque toute la circonférence du globe; et l'on trouverait aisément de
l'espace pour une exploitation trois ou quatre fois
plus étendue.

Déjà, dans son état actuel, la culture du caféier
laisse bien loin en arrière celle du Cacaoyer. La
production du Cacao, en effet, évaluée approximativement d'après l'ensemble assez incomplet des
documents statistiques qu'il nous a été possible de
réunir, ne s'élève guère qu'à quinze millions de kilogrammes. Ce chiffre est-il en rapport avec l'utilité
que nous avons reconnue au Cacao? Non sans
doute. Il est fort au-dessous de ce qu'il devrait
être, et il faut ajouter : bien inférieur à ce qu'il
pourrait être.

VI

LA CULTURE DU CACAOYER CONSIDÉRÉE DANS SES
RAPPORTS AVEC L'ÉMIGRATION EUROPÉENNE ET AVEC
LE PEUPLEMENT ET LE DÉFRICHEMENT D'UNE PARTIE
DE L'AMÉRIQUE.

Il n'est pas à croire que la culture du caféier, non
plus que celle de la canne à sucre, doive s'étendre
jamais au point d'atteindre ses limites naturelles.
Un tel développement serait anormal et hypertro-
phique : il dépasserait de beaucoup les besoins de
la consommation, à moins que l'humanité en masse
ne s'abandonnât à une passion incurable et exagérée
pour le sucre et le café, ce qui serait un signe manifeste de décadence universelle, physique et mo-
rale.

Les régions où se trouvent réunies les conditions
physiques et météorologiques propres à la culture
du Cacaoyer forment ensemble une étendue totale
relativement médiocre. Cette culture ne saurait
donc, en aucun cas, prendre des proportions exa-
gérées, et il y aurait peut-être lieu plutôt de re-
gretter que la nature ait assigné des bornes si
étroites à une plante dont la propagation serait, de

quelque point de vue qu'on la veuille considérer, un progrès réel et un excellent symptôme. Supposons-la, si l'on veut, parvenue au maximum de son développement possible. Le travail et la civilisation introduits dans de vastes pays occupés naguère par des animaux sauvages ou par des Indiens féroces et stupides; 500,000 ou 600,000 hectares de terrain défrichés et mis en rapport; 30 ou 40 millions de kilogrammes d'une matière nutritive, salubre et agréable, ajoutés annuellement aux quantités dont nous disposions pour notre alimentation; une augmentation partout sensible de l'activité commerciale et industrielle, du mouvement de la navigation et des échanges, de la circulation du numéraire, du bien-être général enfin : tels apparaissent les résultats nécessaires du fait que nous venons d'admettre par hypothèse, et dont la réalisation graduelle nous semble assurée autant que désirable.

Faut-il chercher dans la constitution physique des contrées où croît le Cacaoyer les causes qui ont rendu si lent jusqu'à ce jour le développement de sa culture? Non certes.

La nature s'est montrée, pour ces contrées, prodigue de bienfaits; la terre, fécondée par l'action alternative des rayons ardents du soleil et de pluies abondantes et tièdes, s'y couvre spontanément d'une végétation luxuriante et variée; une partie de ses dons est gratuite : on n'a qu'à les recueillir; les autres, tels que le Cacao, n'ont besoin que d'être

améliorés par une culture facile. Les forêts et les
savanes y nourrissent une multitude d'animaux,
dont plusieurs, sans doute, sont seulement pour
l'homme des ennemis à combattre et à détruire,
mais dont le plus grand nombre sont susceptibles
d'être utilisés de diverses manières, soit qu'on s'ap-
proprie leurs services, leur chair ou leur dépouille.
Il n'y a point là, comme en Afrique, de ces mers
de sable où le voyageur cherche vainement, pendant
une traversée de plusieurs jours, un bouquet d'arbres pour se reposer à l'ombre, une source pour
étancher sa soif. Partout et incessamment la terre
engendre et reproduit; du flanc des montagnes
jaillissent des sources qui deviennent de grands
fleuves et s'acheminent vers l'Océan, grossies à
chaque pas par des affluents qui reçoivent eux-
mêmes les eaux de moindres tributaires. Sur presque
toute l'étendue du continent américain, les cours
d'eau s'entre-croisent en un réseau immense et serré
qui laisse peu de place à la sécheresse et à la sté-
rilité. La plupart de ces cours d'eau sont navigables;
ce sont donc autant de voies de communication naturelles, des « routes qui marchent », pouvant suffire longtemps aux besoins de la circulation et permettre d'attendre patiemment l'établissement des
voies terrestres : routes ou chemins de fer. Le climat, dira-t-on, est insalubre; le sol est fréquemment bouleversé par des tremblements de terre ou
rasé par d'effroyables ouragans. On s'exagère beau-

coup en Europe le danger de ces fléaux. Les tremblements de terre violents et les ouragans vraiment
dévastateurs sont rares. Contre les secousses d'une
intensité médiocre qui se renouvellent fréquemment
dans quelques pays, on use de précautions fort
simples qui consistent à espacer convenablement
les maisons, à les construire en charpente plutôt
qu'en maçonnerie et à ne leur donner qu'une faible
élévation. Moyennant cela, les habitants vivent fort
tranquilles, et un tremblement de terre n'est pour
eux, dans la grande majorité des cas, qu'un événement sans importance.

On en peut dire autant des ouragans, dont aucun
pays du monde n'est exempt et dont les effets des-
tructeurs peuvent être conjurés ou atténués, la plupart du temps, par le choix bien entendu de l'endroit où le colon établit son habitation et sa plantation, par des palissades élevées alentour, par des
canaux creusés pour l'écoulement des eaux plu-
viales.

Quant au climat, il n'est insalubre que dans certaines localités, tandis que d'autres jouissent de l'air
le plus pur, d'une température égale et douce et
d'un printemps perpétuel.

Il est bon de faire observer d'ailleurs que les
inconvénients dont il vient d'être parlé se retrouvent dans beaucoup de contrées où les Européens
n'ont pas laissé de s'établir, de fonder des sociétés
bien organisées, de créer des comptoirs importants,

des exploitations productives, de bâtir des villes po-
puleuses et florissantes. Les États du sud de l'Union
américaine, les Antilles anglaises et françaises, les
colonies anglaises et hollandaises de la mer des
Indes et de l'Océanie, l'Inde elle-même enfin sont
des exemples significatifs de ce que peuvent, contre
les obstacles et contre les fléaux de la nature, l'énergie et la persévérance des races viriles auxquelles
semble réservée la tâche glorieuse de faire triompher
dans le monde la science, le travail et la civilisation.

Il faut bien le reconnaître : les obstacles qui s'opposent au peuplement et au défrichement des régions intertropicales du nouveau Monde et, par
conséquent, à la propagation du Cacaoyer, ces obstacles sont exclusivement du fait des hommes et
résultent d'un ensemble de circonstances très-di-
verses, dont le concours n'est pas un des faits économiques les moins bizarres de notre époque.

Celle qui frappe d'abord les yeux est l'état permanent d'instabilité, de trouble, de guerre civile
ou d'hostilité réciproque qui paralyse tout progrès
au sein des républiques récemment fondées dans
l'Amérique centrale et méridionale.

Les descendants des hardis aventuriers qui, les
premiers, vinrent occuper le continent, ont conservé
l'arrogance, l'ambition, l'esprit remuant de leurs
ancêtres. Ils ont déployé, au commencement de
notre siècle, pour conquérir leur indépendance,
une énergie qu'il est regrettable de leur voir dépen-

ser, depuis lors, d'une manière aussi désordonnée,
aussi contraire à leurs intérêts et à leur liberté. A
cette énergie fougueuse et stérile se joignent, chez
la plupart, une excessive indolence et un goût effréné
du luxe et des plaisirs. Le travail intellectuel ne leur
répugne pas beaucoup moins que le travail matériel,
et les lettres, les sciences et les arts ne sont pas
chez eux plus florissants que l'industrie.

Au Mexique, par exemple, le commerce est
presque entièrement entre les mains d'Anglais,
d'Allemands et de Français. Les métiers et les arts
utiles sont exercés par des Espagnols d'Europe, par
des Basques de l'un et de l'autre versant des Pyrénées, et surtout par des Gascons de la vallée de Bar-
celonnette. Ce sont aussi des Espagnols et des Basques qui dirigent les *haciendas* (exploitations rurales)
pour le compte des propriétaires. Les travaux s'exé-
cutent, sous la direction de ces régisseurs, par les
soins d'Indiens salariés. Dans les États de l'Amérique méridionale, on emploie encore des nègres
dans les plantations. Mais presque partout ceux-ci
ont été affranchis depuis quelques années, et leur
émancipation a été suivie d'un temps d'arrêt assez
long dans la production.

Les créoles — nous parlons des gens de la popu-
lace, sorte de lazzaroni aussi orgueilleux et plus pa-
resseux que des grands seigneurs, — eussent préféré
mourir de faim plutôt que de louer leurs bras, et
l'on n'eût trouvé en eux, d'ailleurs, que de mauvais

ouvriers. Quant aux noirs, on conçoit que, sortis du bagne de l'esclavage où, la veille, ils étaient astreints, sous le fouet du contre-maître, à un travail forcé, ils ne se soient pas décidés sans peine à continuer volontairement leur labeur. Une partie seulement d'entre eux a eu le courage et la sagesse de s'y résigner. Le reste, cédant à des instincts farouches et à la paresse native de la race noire, a préféré s'enfoncer dans les forêts, pour y vivre, comme les Indiens et comme les anciens marrons, de chasse ou de brigandage.

Ainsi l'initiative intelligente et les bras manquent également pour la culture du Cacaoyer, là précisément où, favorisée par le sol et le climat, elle donnerait les meilleurs résultats, c'est-à-dire dans les provinces méridionales du Mexique, dans les républiques de Guatemala, de Costa-Rica, de Venezuela et de l'Équateur. Son progrès n'est rapide et soutenu que dans les colonies européennes comme Cuba et la Trinité. Il y a pourtant, dans ces sociétés incomplètes qui cherchent à s'asseoir et s'efforcent en vain de réveiller ou de créer en elles-mêmes le mouvement fécond des nations modernes, il y a, pour les déclassés de ces mêmes nations, beaucoup à faire et beaucoup à gagner. Mais ce n'est pas de ce côté que se dirige le courant de l'émigration européenne. Les Basques et les autres individus qui vont s'établir au Mexique et dont nous parlions un peu plus haut ne sont qu'une exception. La masse s'en va là où elle se flatte de ramasser l'or à pleines mains et de s'enrichir dans l'espace de quelques mois : hier en Californie, aujourd'hui en Australie. Quelques-uns, se croyant plus sages, se rendent aux États-Unis.

Les premiers, aveuglés par leur ignorance, trompés par des récits menteurs, entraînés par une sorte de vertige épidémique, s'exposent aux plus terribles dangers, aux souffrances et aux déceptions les plus cruelles. Pour une minime fraction que la chance favorise, dont le tempérament robuste et le courage indomptable triomphent des fatigues, des privations, des influences atmosphériques, des embûches des sauvages et de celles non moins impitoyables des autres chercheurs d'or, combien succombent misérablement; — combien reviennent désespérés — trop heureux encore d'avoir pu regagner nus et décharnés — mais enfin vivants, — le sol natal qu'ils avaient quitté naguère la tête pleine de folles illusions !

Les seconds jouent un jeu moins hasardeux : la traversée est courte et facile, les dangers sont nuls ou insignifiants ; mais à l'arrivée ils retrouvent les mêmes causes de misère qui leur avaient fait quitter leurs foyers : la concurrence des travailleurs, l'encombrement des professions lucratives, et de plus la malveillance envers les nouveaux venus, l'isolement au milieu d'une foule affairée où chacun est occupé de soi et fort peu disposé à s'occuper des

autres, si ce n'est pour les écarter de son chemin. Les frais de déplacement, l'attente, le chô-
mage, les entreprises avortées, ont dévoré leur
petit capital. Il leur faut vendre à bas prix leurs
services et se contenter, pour ne pas mourir de
faim, d'un salaire que peut-être ils n'eussent pas
accepté au pays !

Nous ne sommes, en principe, qu'un tiède parti-
san de l'émigration; l'amour de la patrie — de cette
patrie que, selon l'énergique et pittoresque expression de Danton, « l'on n'emporte pas à la semelle
de ses souliers », — la religion du foyer domestique,
de la famille, de l'amitié, l'attachement aux habitudes et aux souvenirs d'enfance, — sont pour tout
homme de cœur des liens forts et sacrés, que de
graves motifs peuvent seuls le forcer à rompre; et
nous plaignons sincèrement ceux que la misère ou
l'adversité oblige à prendre une résolution si vio-
lente et si douloureuse. L'émigration est à nos yeux,
comme la guerre, un grand mal, — mais, hélas! au
moins dans l'état actuel des choses humaines, un
mal nécessaire. C'est quelquefois une chance suprême de salut, non-seulement pour des individus
isolés, mais pour des groupes plus ou moins nombreux; c'est le seul moyen d'établir sur la surface
habitable du globe l'équilibre des populations, de
connaître et d'utiliser au profit de tous les richesses
inégalement et irrégulièrement distribuées par la
nature, d'étendre enfin et de faire sentir en tout

lieu l'action créatrice et bienfaisante des peuples initiateurs.

Il n'entre point dans notre plan d'étudier à fond ce grave sujet, d'examiner ce que l'émigration a de mauvais en soi, et ce qu'elle peut produire de bon dans telles circonstances données. Nous voulons seulement ici, au lieu du mirage trompeur qui attire dans le gouffre tant de milliers de malheureux, leur montrer un port assuré où ils trouveraient sans peine, avec un mince capital et moyennant un travail modéré, la sécurité, l'abondance, la richesse même — non la richesse de hasard que chacun rêve et poursuit aujourd'hui, que la fortune vous livre d'un seul coup par caprice, sauf à vous la reprendre de même, — mais cette aisance honorable que chaque jour bien employé affermit en l'accroissant. Qui ne connaît la fable ingénieuse où La Fontaine donne, par la bouche du vieux laboureur, un si sage conseil aux poursuivants de la fortune :

> Travaillez, prenez de la peine,
> C'est le fonds qui manque le moins !

Ce n'est point en creusant la terre pour y découvrir des trésors ; ce n'est pas en fouillant le terrain sablonneux ou les montagnes arides de la Californie et de l'Australie ; ce n'est point en s'aventurant la pioche et la carabine sur le dos, les pistolets à la ceinture, sur ces plages inhospitalières où tout leur est ennemi — l'homme et les éléments, — où le sinistre axiome de Hobbes: *homo homini lupus*, se réalise dans toute son effrayante vérité; — ce n'est point ainsi que les émigrants doivent espérer de prendre leur revanche contre la destinée, de conquérir un bien-être durable et de léguer une patrie à leurs enfants. Sur ces *terres de l'or*, vers lesquelles s'élancent tant d'insensés, règnent l'égoïsme cupide et féroce, l'anarchie hideuse, la faim mauvaise conseillère (*malesuada fames*), les maladies, le brigandage et la mort.

Là-bas, sous un ciel bleu, sur les deux versants des Cordilières, s'étendent des terres d'une prodigieuse fertilité, que sillonnent des fleuves majestueux et des rivières aux flots limpides, et dont les côtes sinueuses offrent aux navires un abord facile, des abris où la main de l'homme n'a presque rien à ajouter pour en faire d'excellents parts. Là se trouvent les vallées au sol largement arrosé, à l'air humide et tiède, qui conviennent particulièrement au Cacaoyer. Nous en avons assez dit sur la culture de cet arbre pour convaincre nos lecteurs du peu de difficultés qu'elle présente et des profits considérables qu'une exploitation intelligente permet d'en retirer.

Quant aux frais de première installation, ils sont presque nuls. Les gouvernements de Costa-Rica, de Guatemala, de Venezuela, de l'Équateur ne demandent pas mieux que d'attirer chez eux, par des avantages réels et par une protection bienveillante,

5.

des hommes intelligents et laborieux, intéressés au maintien, à l'affermissement et au perfectionnement des institutions, et capables de concourir d'une manière efficace à la prospérité de la république.

A l'Équateur, les terrains sont presque donnés à qui promet de les cultiver. C'est le cours des rivières voisines de la mer qui sert ordinairement de base aux concessions. Le gouvernement vend au colon telle longueur mesurée sur le bord du cours d'eau. La largeur du terrain est déterminée par deux lignes parallèles partant de chaque extrémité de la ligne primitive. Quant à la profondeur, elle est illimitée. Une fois entré en possession de son domaine, le colon peut donc l'agrandir à volonté en graduant les progrès de son exploitation selon l'accroissement de ses ressources. Il peut planter d'abord cent Cacaoyers, puis deux cents, puis cinq cents, puis mille et ainsi de suite, en reculant, à chaque nouvelle plantation, la limite postérieure de son enclos. La proximité de la mer et les nombreuses rivières qui s'y jettent par de larges embouchures offrent une grande facilité pour le transport des produits. Une particularité qu'il est utile de signaler, c'est que, le reflux de la mer laissant suivre aux eaux des fleuves leur cours naturel, son flux ascendant les fait remonter jusqu'à une grande distance, en sorte que les embarcations peuvent accomplir presque sans le secours d'aucune force artificielle leurs trajets d'aller et de retour.

Nous avons dit plus haut que l'émancipation des
esclaves dans les républiques espagnoles avait eu
pour effet immédiat un ralentissement notable des
travaux, une partie des nègres ayant préféré la misère d'une vie oisive et nomade au bien-être qu'il
leur était facile de s'assurer par le travail. Nous devons ajouter que, depuis lors, beaucoup de ces
malheureux sont revenus à une meilleure entente
de leurs vrais intérêts; que, d'ailleurs, la population laborieuse s'accroît chaque année, non-seulement par suite de son développement naturel, mais
aussi par l'accession graduelle de l'élément indigène
qui se rallie peu à peu à la civilisation. L'établissement dans ces contrées de colonies européennes
disposant de quelques capitaux, et qui apporteraient
là l'exemple de sentiments humains, l'habitude de
l'ordre et de l'activité, ne pourrait que contribuer
puissamment à faire entrer dans le giron de la société régulière tous ces hommes dont l'éducation,
depuis deux ou trois siècles, n'a guère été faite qu'à
coups de fouet ou à coups de fusil.

L'association du capital et du travail serait appliquée avec de grands avantages au peuplement et à
l'exploitation du sol vierge de cette portion du continent américain. C'est là que, liés par une solida-
rité réelle d'intérêts autant que par la similitude des
idées et des mœurs, des hommes intelligents, honnêtes et résolus pourraient mettre en commun les
moyens dont ils seraient pourvus : celui-ci son intel-

ligence, celui-là son argent, un autre ses connaissances en botanique, en chimie, en géologie, d'autres
enfin la force de leurs bras et la vigueur de leur
tempérament. Des conventions équitables, loyale-
ment acceptées par les associés et sanctionnées par
les lois du pays, règleraient la part de chacun dans
les charges et dans les bénéfices de l'œuvre commune, et l'accord des volontés, la convergence des
efforts de tous seraient garantis par la nature même
d'une entreprise du succès de laquelle dépendraient
leur prospérité personnelle et celle de leurs enfants.
Une société de ce genre, dans laquelle entreraient
des hommes instruits et spéciaux, agronomes, ingé-
nieurs, marins, commerçants, et qui, possédant
avec un personnel assez nombreux de bons travailleurs, un capital de quelque importance, voudrait
entreprendre en grand la culture, la préparation et
l'expédition du Cacao, soit à l'Équateur, soit au
Venezuela, au Para ou dans le sud du Mexique,
serait assurément une des créations les plus belles,
les plus utiles et les plus lucratives qu'il soit possible de former au temps où nous sommes.

Nous indiquons ici l'association comme un moyen
de rassembler plus aisément les éléments intellec-
tuels et matériels nécessaires pour opérer sur une
grande échelle; mais de quelque façon que ces éléments soient réunis, et pourvu que l'action et la mise
en œuvre en soient bien dirigées, le résultat n'en
saurait être douteux. Il appartiendrait à nos grands

fabricants de prendre l'initiative d'un mouvement
dans ce sens. Ce serait pour leurs capitaux un pla-
cement sûr et productif, — pour leur industrie un
titre de plus à la confiance des consommateurs. On
en peut citer déjà qui ont armé des navires pour
aller chercher le Cacao sur les lieux de production.
Pourquoi ne se feraient-ils pas eux-mêmes producteurs, en achetant dans le nouveau Monde des cacaoyères dont l'exploitation serait confiée par eux à
des hommes de leur choix, et d'où ils tireraient en
grande partie, sinon en totalité, les graines destinées
à entrer dans leur fabrication? Un premier pas fait
dans cette voie large et progressive donnerait une
vive et durable impulsion à la culture du Cacaoyer,
favoriserait l'abaissement du prix de la matière première, et, en permettant aux chocolatiers de produire abondamment et à bon compte, ne tarderait
pas à rendre vraiment populaire et universel l'usage
d'une substance qui sera, grâce à ses qualités bien
constatées, un aliment de tout le monde et de tous
les jours, dès que sa cherté relative ne placera plus
les gens peu fortunés dans la fâcheuse alternative
de se contenter des sortes inférieures, ou de ne se
permettre que par extraordinaire le régal d'une tasse
de bon chocolat.

VII

COMPOSITION CHIMIQUE ET PROPRIÉTÉS DU CACAO.

La composition chimique du Cacao et les propriétés de ses principes immédiats ne sont bien
connues que depuis fort peu de temps.

Les premières analyses qui aient été faites de cette
fève remontent à une époque où la chimie orga-
nique et analytique en était encore à ses rudiments.
Elles sont dues, d'après M. Alfred Mitscherlich,
à deux chimistes allemands, Schrader et Dehne;
mais le même auteur avoue qu'elles laissaient beaucoup à désirer. Schrader sut pourtant reconnaître
dans le Cacao la présence d'un principe extractif
particulier, analogue à celui du café (la *caféine*), et
qui n'est autre que la *théobromine*. Il faut arriver à
Lampadius pour trouver sur la composition du Cacao des indications de quelque valeur. Ce savant
examina d'abord les fèves de la Martinique, puis
celles d'autres provenances, et prit la moyenne des
chiffres obtenus. La plupart des auteurs qui ont écrit
après lui sur le Cacao se sont bornés à reproduire
ses résultats. Cependant MM. Boussingault, Payen
et Tuchen ont à leur tour analysé le Cacao, avec

l'exactitude que comporte l'état actuel de la science, et M. Mitscherlich s'est livré tout récemment sur cette substance aux recherches·les plus patientes et les plus minutieuses.

D'après Lampadius, 100 parties d'amandes de Cacao, débarrassées de leurs cosses ou périspermes, renferment, en moyenne :

Matière grasse (*beurre de Cacao*). . .	53,10
Matière azotée.	18,70
Fécule.	10,91
Mucilage ou gomme.	7,75
Matière colorante rouge.	2,01
Fibrine.	0,90
Eau	5,20
Perte.	1,43
	100,00

Qu'est-ce que ces matières colorantes rouge et brune et cette matière visqueuse? Lampadius ne le dit point. Il nous apprend seulement que la matière rouge obtenue en traitant par l'alcool les fèves pelées et en évaporant à siccité se présente sous la forme d'un extrait rouge-cramoisi dont les acides rendent la coloration plus intense, tandis que les alcalis au contraire la font passer au bleu; et que cette substance précipite en bleu par l'acétate de plomb, et au bout de quelque temps, en lilas par le chlorure d'étain. Lampadius ajoute qu'elle ne se trouve point dans les Cacaos Caraques.

Les analyses de M. Boussingault ont été faites

sur des fèves non décortiquées, appartenant à une
espèce amère et très-aromatique, découverte il y a
quelques années seulement dans les forêts de Muzo
(Nouvelle-Grenade), et désignée sous le nom de
Montaraz. Voici le résultat obtenu par l'illustre chimiste :

Beurre de Cacao.	44
Albumine.	20
Théobromine.	2
Gomme acide et traces de matière très-amère.	6
Cellulose et ligneux.	13
Substances minérales.	4
Eau.	11
	100

M. Tuchen a trouvé, de son côté, dans les fèves
de Guayaquil :

Beurre.	36,380
Fécule.	0,533
Matière colorante rouge.	4,500
Cellulose.	30,500
Théobromine.	0,633
Gluten.	2,966
Acide humique.	8,576
Principe extractif indéterminé.	3,440
Sels minéraux.	3,033
Eau.	6,200
Mucilage ou gomme.	1,583

Enfin M. Mitscherlich a analysé de préférence les
fèves de Guayaquil, plus rarement celles de Caracas

et de Bahia, et il fait connaître, dans sa brochure
(*Du Cacao et du Chocolat*), les résultats suivants :

	GUAYAQUIL.		CARAQUE.
Beurre.	45	— 49	46 — 49
Fécule.	14	— 18	13 — 17
Sucre de fécule	0,34		
Sucre de canne	0,26		
Cellulose.	6, 8		
Matière colorante. . . .	3, 5 —	5	
Protéine à l'état de com-			
binaison.	13	18	
Théobromine	1, 2 —	1,5	
Cendres.	3, 5		
Eau.	5, 6 —	6,8	

Les chimistes, on le voit, ne sont d'accord ni sur
la nature, ni sur la proportion des principes du Cacao.
Le seul de ces principes dont le dosage ne donne
lieu à aucune erreur, c'est la matière grasse, qui,
étant simplement interposée entre les molécules de
l'amande, s'en sépare aisément au moyen de l'éther
sulfurique qui la dissout en entier, et peut ainsi
être mesurée avec une rigoureuse exactitude. Les
différences qu'on remarque, dans les analyses, entre
les nombres qui représentent la proportion de cette
substance sont donc l'expression d'un fait normal
bien constaté, à savoir, que la proportion de matière
grasse varie sensiblement, non-seulement d'une espèce à l'autre, mais aussi dans une même espèce,
suivant que les graines proviennent de tel ou tel *cru*,
de telle ou telle récolte, peut-être de tel ou tel arbre.

La même remarque peut s'appliquer aux proportions des autres principes, qui sans doute varient également par suite de causes semblables. Mais il est évident que la science en est encore réduite aux tâtonnements et aux hypothèses en ce qui concerne soit la présence ou l'absence, soit la détermination qualitative de ses principes.

Ainsi M. Tuchen est le seul chimiste qui ait trouvé dans le Cacao de l'acide humique, et il y a tout lieu de croire que le sucre de fécule signalé par M. Alfred Mitscherlich était dû à la transformation d'une partie de la fécule en glucose, sous l'influence des réactifs employés. Quant au sucre de canne, sa présence dans la graine du Cacaoyer serait une sorte d'anomalie et nous semble bien difficile à admettre. On remarquera, du reste, que M. Mitscherlich est le seul qui ait cru la constater. Enfin M. Tuchen parle d'un principe extractif qui existe, selon lui, dans la proportion de 3,44 de la matière totale et dont il ne soupçonne point la nature, et M. Boussingault lui-même ne s'explique point sur le « principe très-amer » dont il a trouvé des traces dans la fève de Montaraz.

Voilà bien des incertitudes et des obscurités. Elles ne portent heureusement que sur des points d'une importance purement spéculative, et que des recherches ultérieures éclairciront sans doute lorsque les progrès de la science auront introduit dans l'analyse des corps organisés des procédés rationnels et sûrs, comme ceux qu'on applique aujourd'hui à l'analyse des corps inorganiques. Qu'il nous suffise de savoir dès à présent, — et à cet égard les résultats présentent une concordance très-satisfaisante, — que l'amande du Cacao renferme comme éléments essentiels, et, si l'on peut ainsi dire, fondamentaux :

1° Moitié de son poids environ d'une matière grasse, — le *beurre de Cacao*, que nous étudierons dans un chapitre spécial ;

2° De 18 à 20 p. 0,0 de substances albuminoïdes azotées ayant pour base la protéine, évaluée par M. Mitscherlich à un peu plus de 13 p. 0,0 ;

3° Une matière colorante dont la proportion peut varier entre 3 et 4, 5 p. 0,0 ;

4° Un *alcaloïde*, la *théobromine*, principe caractéristique, actif et amer, analogue à la caféine, et dont la quantité ne dépasse pas 2 p. 0,0 dans les fèves les plus amères, celles que M. Boussingault a soumises à l'analyse ;

5° Une matière amylacée dont la présence, contestée par quelques auteurs, a été bien établie par les expériences de MM. Payen et Poinsot, et par celles de la Commission sanitaire de Londres (1).

« Plusieurs chimistes, dit M. Payen, n'ont pu » trouver d'amidon dans le Cacao ; d'autres n'en ont

_____

(1) Association libre, fondée en 1851 dans le but de déceler les fraudes commerciales pratiquées sur les substances alimentaires. Les travaux de cette société ont été publiés dans *La Lancette* (*The Lancet*), journal de médecine, de chirurgie, etc.

» rencontré que des traces, d'autres enfin en ont
» indiqué jusqu'à 10 p. 0/0.

» Il ne saurait rester le moindre doute à cet égard
» pour les observateurs habitués à l'usage du micro-
» scope ; car l'amidon s'y manifeste constamment en
» proportions très-notables, mais en granules très-
» petits : ils ont à peine un diamètre égal à un sixième
» ou un huitième du diamètre des gros grains de la
» fécule des pommes de terre, ou au tiers environ du
» diamètre des grains d'amidon du blé. On peut donc
» aisément constater sous le microscope la présence
» des fécules étrangères, ou reconnaître l'amidon na-
» turel du Cacao. J'ai constaté, en outre, que ces
» granules ont la propriété de perdre rapidement la
» teinte violette que l'iode leur communique, tandis
» que la coloration persiste lorsqu'elle est due à la
» fécule de pommes de terre ou à l'amidon de farine.

» La commission sanitaire de Londres a reconnu
» également la présence de granules amylacés dans
» les Cacaos à l'état normal, et a trouvé des propor-
» tions notables (de 15 à 40 p. 0/0) de fécules ou
» de matières amylacées (fécules de pommes de terre,
» de maranta-arundinacea, de sagou, de patates,
» de canna-gigantea, farine de blé, etc.), dans la
» plupart des échantillons de Cacao en poudre, en
» trochisques, en grains, et des Chocolats débités à
» Londres (1). »

---

(1) Payen, *Des substances alimentaires*, 1 vol. in-18, Paris, 1853

Nous avons vu que Lampadius évaluait à 18,70 et Boussingault à 20 p. 0/0 la proportion de matières albuminoïdes renfermées dans le Cacao. Il y a lieu de s'étonner que Tuchen n'ait trouvé dans cette fève, en dehors de la théobromine, d'autre substance azotée que le gluten, et encore dans la faible proportion de 2,966 p. 0/0, tandis qu'il porte la quantité de cellulose au chiffre énorme de 30 p. 0/0. Cette double circonstance, jointe à ce qu'il y a d'ailleurs de vague et de bizarre dans les résultats énoncés par ce chimiste, nous paraît de nature à ne les faire accepter qu'avec une médiocre confiance. M. Alfred Mitscherlich, de son côté, n'a pas cru devoir déterminer directement la teneur en substances albuminoïdes des Cacaos qu'il a examinés. Cela eût été cependant, à notre sens, plus utile que de se livrer, comme l'a fait ce chimiste, sur les autres principes du Cacao, à une multitude d'expériences et de manipulations où il a déployé plus de patience que d'esprit philosophique, et dont il expose avec complaisance jusqu'aux moindres détails, dans le style emphatique, verbeux et embrouillé que paraissent affectionner certains savants d'outre-Rhin. Quoi qu'il en soit, M. Alfred Mitscherlich accuse dans les fèves de Guayaquil la présence de 13 à 18 p. 0/0 de protéine à l'état de combinaison. Or cette combinaison n'est autre que de l'albumine végétale dont la protéine est, comme on l'a vu plus haut, le principe essentiel. La protéine se trouvent ainsi soit dans l'albumine, soit dans les substances végétales de même espèce, avec un autre principe. L'acide cyanique paraît jouer le rôle de base, et qui est sommairement formé d'azote, d'hydrogène et de soufre, ou d'azote, d'hydrogène et de phosphore. Quelques chimistes ont, en conséquence, appelé ce corps, dans le premier cas, *sulfuré*, dans ce second, *phosphormible* (Az H⁶ S ou Az H⁶ Ch).

La protéine a pour formule C⁴⁸ H¹³ Az⁴ O¹⁴. Elle se combine avec les acides et donne lieu à des composés d'abord solubles dans l'eau, mais qui se précipitent lorsqu'on ajoute un grand excès d'acide. Ces composés sont détruits par les alcalis qui précipitent d'abord la protéine, puis la redissolvent s'ils sont ajoutés en excès. La protéine est dénuée d'odeur et de saveur, insoluble dans l'alcool, l'éther et les huiles essentielles, ainsi que dans l'eau froide; soluble à la longue dans l'eau bouillante, mais avec altération. J. A. Mitscherlich a dosé la protéine du Cacao à l'état d'ammoniaque par la méthode de M. Dumas, c'est-à-dire en calcinant avec de l'oxyde de cuivre les amandes desséchées, puis en chauffant fortement le produit avec de la chaux sodée qui laisse dégager tout l'azote à l'état d'ammoniaque. De la quantité de ce gaz qu'on obtient on déduit celle de l'azote, au moyen de laquelle on obtient celle de la protéine et de ses combinaisons albumineuses.

La matière colorante du Cacao n'existe pas dans les fèves avant leur maturité; elle occupe dans la fève des cellules qui lui sont propres; on l'extrait intégralement en concassant, ou, mieux, en pulvérisant les semences et en les laissant digérer pendant vingt-quatre heures dans de l'acide acétique étendu d'eau, qui prend une teinte rouge-vif en laissant déposer un résidu presque incolore. On filtre la liqueur; on y verse de l'alcool pour précipiter l'albumine; on filtre de nouveau et l'on fait évaporer à plusieurs reprises en ajoutant toujours de l'alcool, afin de séparer la théobromine, le sucre et les substances minérales, et l'on évapore enfin une dernière fois lorsque l'alcool ne donne plus aucun précipité. On obtient ainsi la matière colorante, dont la proportion, d'après M. Mitscherlich, est de 5,2 p. 0/0 dans le Cacao de Guayaquil. Cette matière colorante peut aussi s'obtenir, mais incomplétement, à l'état d'extrait aqueux, par une simple macération des fèves dans l'eau. Cet extrait est de couleur brun-violacé; les alcalis lui donnent une teinte plus foncée et légèrement verdâtre, tandis que les acides le font virer au rouge vif. Si l'on y verse doucement une solution d'albumine ou de gélatine contenant un peu d'alun, il se forme un précipité abondant, peu coloré. Les sels de fer donnent au contraire un précipité noir. Les autres sels métalliques forment aussi, avec la matière colorante du Cacao, des précipités dont la couleur varie savant d'espèce et se communique à la liqueur. L'acétate de plomb est le seul qui précipite toute la matière colorante.

La théobromine, signalée jadis par Schrader et plus récemment par M. Boussingault, a été isolée et étudiée avec soin pour la première fois en 1840 par un chimiste russe, M. Woskressensky. C'est aussi ce savant qui l'a baptisée du nom qu'elle porte, et qui indique bien son analogie avec les autres alcaloïdes propres à certaines plantes, tels que la caféine, la théine, etc.

Pour extraire la théobromine, il faut, d'après M. Alfred Mitscherlich, prendre du Cacao débarrassé de sa matière grasse, ou, mieux, des cosses réduites en poudre qu'on obtient comme déchet dans les fabriques de Chocolat. On convertit la fécule en sucre au moyen de l'acide sulfurique, qu'on sature ensuite à chaud avec du carbonate de plomb ; on filtre et on lave. La liqueur filtrée est évaporée jusqu'à réduction au cinquième de son volume. Il se forme alors un dépôt brun ou jaunâtre qu'on sépare par décantation et qu'on traite par l'acide nitrique bouillant. Celui-ci détruit par oxydation la matière colorante et se combine avec la théobromine. On a donc un nitrate de théobromine que l'on décompose par l'ammoniaque. On obtient ainsi un précipité de théobromine impure, que l'on recueille et qu'on lave sur le filtre pour le dissoudre et le précipiter de nouveau par l'acide nitrique et par l'ammo-

niaque. On peut retirer des amandes de Guayaquil
1,5 p. 0/0 de cet alcaloïde, et près de 1 p. 0/0 des
cosses seules.

La théobromine préparée par ce procédé se présente sous forme d'une poudre cristalline incolore
et inaltérable à l'air. Ses cristaux sont prismatiques
et ressemblent beaucoup à ceux de l'acide urique.
Sa saveur est d'abord presque insensible, en raison
de son peu de solubilité dans l'eau; mais, par un
contact prolongé avec la langue, elle devient extrêmement amère, et l'on ne peut douter que la
légère amertume du Cacao ne soit due à ce principe, le seul qui, isolé, provoque cette sensation.
Les cristaux de théobromine renferment 0,81 p. 0/0
d'eau de cristallisation, qu'ils perdent lorsqu'on les
chauffe à 100° centigrades.

Une partie de théobromine se dissout : à 100°,
dans 55 parties d'eau; à 20°, dans 660 p., et à 0°,
dans 1,600. L'alcool bouillant en dissout $\frac{1}{16}$ de son
poids; à froid, il n'en dissout que $\frac{1}{160}$; enfin il faut
600 parties d'éther bouillant et 1,700 parties d'é-
ther froid pour dissoudre 1 partie de théobromine.
La composition de cette substance a été établie
comme il suit par MM. Woskressensky, Glasson et
Keller.

	WOSKR.	GLASS.	KEL.
Carbone.	46,71	46,67	46,66
Hydrogène. . . .	4,52	4,44	4,44
Azote.	35,39	31,11	31,11
Oxygène.	13,39	17,78	17,79

M. Alfred Mitscherlich a étudié expérimentale-
ment avec beaucoup de soin les effets physiologiques
de la théobromine, en les comparant avec ceux de
la caféine qui avaient été précédemment étudiés par
quelques savants. De petits animaux, grenouilles,
pigeons, lapins, auxquels il a administré l'une ou
l'autre de ces deux substances, à des doses qui ont
varié depuis quelques centigrammes jusqu'à 2 ou
3 grammes, ont péri en quelques heures, après
avoir montré tous les mêmes symptômes, savoir :
affaiblissement rapide, ralentissement très-marqué
de la respiration, convulsions tétaniques. Les grenouilles, placées dans un bassin contenant 1 partie
de théobromine pour 100 parties d'eau, éprouvaient,
en outre des symptômes que nous venons de dire,
une enflure considérable des poumons et de la vessie.
Les divers organes des animaux soumis à l'expérience ne présentaient, du reste, à l'autopsie aucune altération notable. Le poison, selon M. Mitscherlich, agirait donc à peu près exclusivement sur
le système cérébrospinal, et ses effets caractéristiques seraient la surexcitation, puis la paralysie con-
sécutive de la moelle allongée et de la moelle épi-
nière. L'action de la caféine et celle de la théobromine seraient semblables quant à leur nature, mais
différentes d'intensité, c'est-à-dire que la théobromine, grâce à son peu de solubilité dans l'eau,
serait plus difficile à absorber, partant moins véné-
neuse que la caféine.

On a dit, il y a longtemps, que le café était un poison, et l'esprit français a répondu à cette imputation que cela était vrai, qu'en effet le café était un poison, — mais *un poison lent;* — et l'on peut citer, parmi les preneurs de café les plus déterminés, d'assez remarquables exemples de longévité. Aujourd'hui la cause du café est définitivement gagnée, malgré les efforts de ses adversaires; et cependant ceux-ci peuvent invoquer, avec quelque apparence de raison, le témoignage de la science, qui proclame les propriétés vénéneuses de la caféine. Mais la science ne saurait récuser, de son côté, le témoignage de près de deux siècles et l'expérience de plusieurs millions d'hommes, plus significative sans doute que celles qu'on a pu faire sur une douzaine de petits animaux auxquels on ingérait *ex abrupto* une dose relativement énorme de caféine pure. Ces expériences sont, nous ne le nions pas, d'une très-réelle importance au point de vue scientifique, et il est fort intéressant de savoir que de ce même café que nous prenons avec tant de plaisir et sans en éprouver que du bien, une, deux, trois fois par jour, on retire une substance capable de faire périr en peu d'instants des grenouilles et des lapins; mais au point de vue pratique et hygiénique, au point de vue *humain,* cela ne prouve absolument rien, car entre l'homme et la grenouille, entre l'homme et le lapin, il y a, physiologiquement parlant, une distance immense. De plus, ce n'est pas de la caféine que nous prenons, mais bien du café, ce qui est fort différent. Administrez à un lapin deux ou trois centilitres d'alcool : vous le tuerez roide; un homme sobre boit dans sa journée une bouteille de vin contenant 12 ou 13 p. 00 de ce même alcool, et ne s'en porte que mieux. Il serait facile de multiplier les comparaisons et de démontrer qu'en général la nocuité des substances est chose relative; que même ce qui est mortel pour certains animaux est souvent très-salutaire pour l'homme, et sans aucune action bonne ou mauvaise pour d'autres animaux. Quant au café, nous reconnaissons sans difficulté qu'il exerce sur le système nerveux et sur le cerveau une action réelle; mais à moins qu'on n'en abuse, cette action, chez la grande majorité des individus, est plutôt bienfaisante que fâcheuse; et elle va toujours en s'amoindrissant à mesure que l'usage du café devient plus habituel. Le café est, pour qui n'en prend que par hasard, une cause à peu près infaillible d'agitation nerveuse et d'insomnie. Les personnes accoutumées à en prendre tous les jours ne ressentent rien de semblable, et si, au contraire, elles cessent d'en prendre, elles en sont manifestement incommodées; leur digestion devient pénible, leur tête s'appesantit; il faut quelquefois très-longtemps pour que leurs fonctions reprennent un cours normal. En résumé, le café est doué de propriétés actives, personne ne le nie, et l'on aurait tort de s'en plaindre; libre à ceux qui le croient contraire à leur santé de s'en abstenir ; d'autres, en nombre infiniment plus grand, n'ont qu'à se louer de ce poison lent, et font sagement de n'y pas renoncer.

Et maintenant, parce que le Cacao renferme, lui aussi, un alcaloïde, la théobromine, presque aussi funeste aux grenouilles, aux pigeons et aux lapins que la caféine, convient-il de le tenir pour suspect et dangereux, de le rayer de la liste des aliments salutaires, ou seulement de croire prudent de n'en user qu'avec réserve ? Le bon sens, l'expérience, l'histoire répondent catégoriquement : Non. On ne peut même pas dire du Cacao comme du café, que ce soit une substance *active*, et nous sommes bien revenus, à cet égard, des erreurs de l'ancienne médecine et des préjugés de nos ancêtres. Personne ne croit plus aux vertus médicinales que l'on attribuait jadis au Cacao, et l'on ne peut s'empêcher de sourire à la lecture des longues dissertations que les médecins d'autrefois ont écrites sur ce sujet, les uns assurant qu'il est échauffant, d'autres, au contraire, qu'il est rafraîchissant, et chacun énumérant gravement les cas où il convient, selon lui, d'en faire usage ou de s'en abstenir ; quelques-uns même expliquant, par des phrases que Molière n'eût pas désavouées, le *pourquoi* et le *comment* de l'action du Cacao sur l'économie.

Geoffroy, par exemple, s'exprime ainsi dans sa *Matière médicale* :

6.

« Il faut observer premièrement que le Cacao seul
» et cru fournit beaucoup de nourriture et *un suc gros-*
» *sier*, et que, par conséquent, *il rafraîchit*, comme l'on
» dit, ou qu'*il épaissit le sang et les humeurs* et qu'*il en*
» *diminue le mouvement.* Mais il arrive tout le contraire
» si on le torréfie trop fortement (c'est ce qui arrive
» malheureusement trop souvent dans certaines fa-
» briques), car alors son huile, *atténuée par le feu* à la
» manière des huiles empyreumatiques, *résout puis-*
» *samment les humeurs du corps*, et elle en augmente
» le mouvement, d'où il arrive que la boisson que
» l'on en fait produit un effet contraire. Ainsi, moins
» le Cacao est rôti, plus il nourrit et épaissit les hu-
» meurs, et, au contraire, plus on le brûle, plus *il*
» *excite le bouillonnement des liqueurs du corps.*

» . . . . . On recommande la boisson du chocolat,
» surtout celle qui est faite avec du lait, à ceux qui
» sont attaqués de phthisie ou de consomption, et
» effectivement il fournit un suc nourricier, gras,
» doux, et qui *peut émousser l'acrimonie des humeurs*,
» pourvu que, comme nous l'avons dit, le Cacao
» soit torréfié à propos et qu'il y ait une très-petite
» dose d'aromates.

» Les hypocondriaques, et *ceux qui ont les viscères*
» *chauds*, doivent s'en abstenir, car le Cacao leur est
» nuisible, de même que toutes les choses buty-
» reuses et huileuses. La graisse du Cacao, *quoique*
» *grossière*, se divise dans leurs viscères, *elle s'y*
» *exhale et s'y enflamme. . . »*

Cela ne rappelle-t-il pas les *humeurs peccantes*, les *ventricules de l'omoplate*, la *concavité du diaphragme*, et les autres bouffonneries pseudo-médicales du *Médecin malgré lui?*

Ce qu'il y a de plus étrange encore, c'est de voir des auteurs contemporains diplômés par la Faculté citer et commenter avec un sérieux naïf un pareil galimatias. — Il est vrai que l'ignorance et la... simplicité sont de tous les temps.

Remarquons encore, pour compléter la comparaison du Cacao avec le café, que ce dernier, tel que nous le prenons, en infusion plus ou moins concentrée, constitue un véritable extrait, une sorte de médicament où les éléments essentiels de la graine sont isolés de manière à exercer directement leur action sur notre organisme. Au contraire, dans le Chocolat, la minime proportion de théobromine reste mêlée aux autres principes dont se compose l'amande, c'est-à-dire au beurre, à l'albumine, etc.; elle est, en outre, associée à une grande quantité de sucre et, de plus, presque toujours à du lait — autant de contre-poisons, si poison il y avait, — autant de substances purement nutritives qui paralyseraient son action, si cette action avait besoin d'être paralysée!

Le Cacao est donc, en dernière analyse, un aliment agréable : rien de plus, rien de moins. Il se digère bien, mais assez lentement, et, pour nous servir d'une expression vulgaire, il *tient à l'estomac* sans le charger. Pour ce qui est de sa valeur nutritive, nous nous bornerons, sans y insister de nouveau, à citer l'opinion d'un savant dont personne ne récusera la compétence en pareille matière.

« En voyant, dit M. Payen (1), l'amande du
» Cacao présenter dans sa composition immédiate
» plus de matière azotée que la farine du froment,
» vingt fois plus environ de matière grasse, une
» proportion notable d'amidon et un arome agréable
» qui provoque l'appétit, on est tout disposé à ad-
» mettre que cette substance est douée d'un éminent
» pouvoir nutritif. L'expérience directe a prouvé
» d'ailleurs qu'il en est réellement ainsi. En effet,
» le Cacao, intimement mélangé avec un poids égal
» ou les deux tiers de son poids de sucre, formant
» alors le produit bien connu sous le nom de Cho-
» colat, constitue un aliment substantiel en toutes
» circonstances, et capable de soutenir les forces
» pendant les voyages. »

Et un peu plus loin il ajoute :

« Le Cacao et le Chocolat, en raison de leur com-
» position élémentaire, et de l'addition de sucre
» directement ou indirectement faite avant de les
» consommer, constituent des aliments respiratoires
» ou capables d'entretenir la chaleur animale par
» l'amidon, le sucre, la gomme, la matière grasse
» qu'ils contiennent; ce sont aussi des aliments

_____

(1) *Des substances alimentaires*, chap. xiv.

» favorables à l'entretien ou au développement des
» sécrétions adipeuses, en raison de la matière
» grasse (beurre de Cacao) qui leur est propre;
» enfin, ils peuvent concourir à l'entretien et à
» l'accroissement de nos tissus par les substances
» azotées congénères, susceptibles de s'assimi-
» ler (1). »

(1) Nous reviendrons plus loin sur la valeur nutritive du *Chocolat au lait*, qui est la forme sous laquelle on consomme habituellement le Cacao.

VIII

BEURRE DE CACAO.

Cette graisse que Geoffroy, dans sa *Matière mé-dicale*, qualifiait si injustement de grossière, et qui, selon lui, s'enflamme dans les viscères des hypo-condriaques, est une substance fort inoffensive et néanmoins intéressante, à laquelle nous ne pouvons nous dispenser de nous arrêter quelques instants.

Le beurre de Cacao, appelé aussi *huile fixe con-crète de Cacao*, est renfermé dans les vascules de l'amande du Cacao. D'après les analyses de MM. Che-vallier et Pommier, les quantités de beurre fournies par les diverses sortes de Cacao sont les suivantes :

Cacao de Maragnan. . .	de 55 à 56 p. °/₀
— Caraque. . . .	de 50 à 55
— Maracaïbo. . .	de 50 à 51
— des Iles	45 »

Abel Poirier, de son côté, a trouvé :

Dans les fèves de Caracas. . .	47,6 p. °/₀ de beurre.	
— Haïti	52	—
— Martinique .	44,5	—
— Trinidad . .	44,3	
— Maragnan. .	50,2	—

Boussingault a trouvé dans les amandes de Caracas 34 p. 0,0 seulement, et dans celles de Muzo 11 de matière grasse.

Ces chiffres, on le voit, n'ont rien de constant. Nous devons ajouter que la proportion de matière grasse contenue dans les amandes n'est point en rapport avec la qualité de celles-ci; de sorte qu'on peut avec avantage employer les Cacaos médiocres à l'extraction du beurre, en réservant ceux de qualité supérieure pour la fabrication du Chocolat.

Le Cacao en poudre qu'on trouve dans le commerce s'obtient en retirant le beurre, par expression, des amandes concassées; il ne saurait même s'obtenir autrement, car ces amandes, pourvues de leur matière grasse, se mettent en pâte sous le pilon ou sous le cylindre, mais ne se pulvérisent pas. On peut aussi utiliser les résidus de Cacao dont on a retiré le beurre, en les faisant entrer dans la pâte des Chocolats à bon marché. Quelques fabricants ont le tort de remplacer alors le beurre par une autre matière grasse étrangère, ce qui constitue un mélange frauduleux et donne au Chocolat une saveur et souvent une odeur désagréables. Au contraire, le Chocolat préparé partie avec du Cacao normal, partie avec du Cacao privé de son beurre, et dans lequel on n'a point ajouté d'autre graisse, est, à la vérité, plus sec et plus cassant, et fond moins facilement à la chaleur; mais sa saveur et son parfum ne sont ni diminués ni altérés : il est d'une digestion plus facile et contient, proportionnellement, plus de substances nutritives. On ne doit donc pas considérer la vente de ce Chocolat comme frauduleuse, ni comme préjudiciable au public. Elle a, au contraire, l'avantage, en supprimant toute perte de matière, de diminuer à la fois le prix du beurre de Cacao et celui du Chocolat même, et le consommateur y trouve son compte, ainsi que le fabricant.

Il existe plusieurs procédés pour l'extraction du beurre de Cacao.

Le plus usité consiste à faire bouillir dans une bassine, avec une assez grande quantité d'eau, les amandes concassées; la matière grasse se sépare, et vient former à la surface du liquide une couche huileuse qui se fige par le refroidissement, tandis que le résidu se dépose au fond du vase. On enlève aisément le beurre solidifié, qui est alors mélangé de débris de Cacao, et présente une teinte brune plus ou moins foncée. On le purifie en lui faisant subir plusieurs fusions successives, à une température modérée, et en le passant chaque fois dans une chausse de feutre.

On peut préparer le beurre de cacao par expression, en enfermant les amandes pulvérisées dans des sacs de toile qu'on place pendant quelque temps dans un endroit chaud, et qu'on soumet ensuite à l'action de la presse, entre deux plaques métalliques préalablement chauffées. Le beurre s'écoule dans des vases préparés pour le recevoir. On le purifie

comme il vient d'être dit ci-dessus, après quoi on
le coule ordinairement dans des moules qui lui donnent la forme de tablettes de chocolat; c'est en cet
état que les fabricants le livrent au commerce.

Lorsqu'on veut extraire intégralement la matière
grasse du Cacao, on a recours à l'éther sulfurique
rectifié, dans lequel on fait digérer les fèves concassées. Ce liquide est, en effet, le meilleur véhicule
du beurre de Cacao; il le dissout en totalité, sans
attaquer aucun des autres principes de l'amande;
on n'a donc qu'à filtrer la liqueur ainsi obtenue, à
laver le filtre avec un excès d'éther et à évaporer au
bain-marie sans feu, pour recueillir le beurre déjà
presque pur, et qu'on achève de dégager de tout
mélange par un ou deux lavages à l'eau bouillante.
Ce procédé n'est guère usité que dans les laboratoires, pour le dosage exact du principe butyreux
dans les différentes sortes de Cacao.

Enfin Despretz a indiqué une autre méthode, non
moins exacte, selon lui, plus simple et moins dispendieuse. D'après cette méthode, les fèves torréfiées, dépouillées de leurs cosses et broyées, sont
étendues sur une toile de coutil à une épaisseur de
trois doigts. Le coutil est tendu sur un vase contenant de l'eau bouillante, dont la vapeur pénètre à
travers le tissu. Lorsque le Cacao est bien imprégné
de cette vapeur brûlante, on le met dans de petits
sacs de toile qu'on presse fortement entre deux
plaques d'étain chauffées à 100°.

7

Lorsqu'il est pur et récemment extrait, le beurre de Cacao est d'une couleur jaune-pâle; sa consistance est à peu près celle du suif. Son odeur est faible, mais très-suave, et sa saveur douce. En vieillissant il blanchit et prend un peu de rancidité, surtout lorsqu'il a été imparfaitement débarrassé de l'eau qui s'y trouve interposée au sortir des bassines. Mais lorsqu'il a été bien purifié et qu'on le garde à l'abri de la chaleur, de l'air et de l'humidité, il peut se conserver, sans altération sensible, pendant plusieurs années.

Il est insoluble dans l'eau, peu soluble dans l'alcool, complétement soluble dans l'éther sulfurique et dans l'essence de térébenthine. Sa densité est de 0,91. Il se ramollit sensiblement à 24° ou 25°; mais il n'entre en fusion qu'à 29°, et ne devient tout à fait liquide que de 35° à 40°. Il ne peut bouillir sans se décomposer. Il contient, d'après M. Boussingault : carbone, 766; hydrogène, 119; oxygène, 115. Le beurre de Cacao jouait autrefois en médecine un rôle assez important, en raison des nombreuses propriétés qu'on voulait bien lui attribuer. Il passait pour pectoral, expectorant, humectant, adoucissant, émollient, rafraichissant, etc., etc. On le prescrivait aux personnes atteintes ou soupçonnées de maladies de poitrine, de toux nerveuses, de bronchites, etc., et l'on en composait avec le kermès, l'ipécacuanha, la scille, etc., des pilules, des loochs, des opiats et d'autres remèdes.

Aujourd'hui on ne l'ordonne plus guère pour
l'usage interne; mais les pharmaciens, aussi bien
que les parfumeurs, le prennent pour base de plusieurs pommades et onguents dont l'usage est,
assure-t-on, très-bienfaisant, et, en tout cas, très-
agréable. Le beurre de Cacao pur ou simplement
mélangé avec une huile qui le rende plus mou
et plus onctueux, est une des pommades les plus
douces, les plus parfumées, et — qu'on nous passe
cette expression — les plus ragoûtantes dont on
puisse se servir pour les cheveux et pour la peau,
et l'on a lieu de s'étonner qu'on lui préfère généralement tant de compositions équivoques, dont le
prix exorbitant n'est justifié par aucune des propriétés que leur attribuent les réclames des parfumeurs.

« Cette huile concrète, dit M. Delcher, est la
» meilleure et la plus naturelle de toutes les pom-
» mades dont les dames qui ont le teint sec puissent
» se servir pour se rendre la peau unie, douce et
» polie, sans qu'il y paraisse rien de gras ni de lui-
» sant, ce qui arrive lorsqu'on fait usage de la plu-
» part des pommades proposées à cet effet.

» Je partage, ajoute le même auteur, l'avis de
» M. Plisson, qui conseille l'usage de la pommade
» au beurre de Cacao aux femmes qui sont sujettes
» à des éruptions âcres, à des gerçures aux lèvres,
» aux mamelles, etc. Les Espagnols du Mexique
» connaissaient bien le mérite de ces préparations;

» mais comme en France cette huile concrète durcit
» trop, il faut nécessairement la mêler avec l'huile
» de ben ou l'huile d'amandes douces. Si l'on
» voulait rétablir l'ancienne coutume qu'avaient les
» Grecs et les Romains de se frotter d'huile pour
» donner de la souplesse aux membres et pour les
» garantir des rhumatismes, ce serait l'huile de Ca-
» cao qu'il faudrait choisir pour cet objet. »

Considéré comme aliment et comme substance
médicinale, le beurre de Cacao possède la même
propriété fondamentale que les autres graisses : il
fournit à la respiration les éléments combustibles
dont elle a besoin, et la rend par conséquent plus
facile et plus active. Il peut donc être utilement administré aux personnes atteintes d'affections de poitrine, et il présente un avantage qui lui est commun
avec un petit nombre seulement de matières de même
espèce : c'est que le malade le plus difficile et le plus
rebelle à l'obligation de se médicamenter peut en
prendre sans aucune répugnance et pendant toute
sa vie.

Le beurre de Cacao est quelquefois falsifié avec
des graisses animales, telles que le suif de veau ou
de mouton, la moëlle de bœuf, le saindoux, etc.
Ces falsifications sont décelées par l'éther sulfurique,
qui forme avec le beurre de Cacao une dissolution
limpide, tandis qu'il reste toujours plus ou moins lou-
che avec les autres graisses. En outre, la cassure du
beurre falsifié présente des nuances marbrées, opa-

ques et grisâtres, qui n'existent pas dans le beurre
pur. Enfin les mélanges dont il s'agit changent le
point de fusion du beurre de Cacao, et font varier
surtout d'une manière très-sensible le degré de
température où, après avoir été fondu, il revient à
l'état pâteux.

M. Delcher, à qui l'on doit ce moyen simple et
sûr de reconnaître les falsifications du beurre de
Cacao par les graisses et les huiles, a fait à ce sujet
des expériences que tout le monde peut répéter, et
qui suffiront toujours pour édifier l'acheteur sur le
plus ou moins de pureté du produit qui nous occupe.
Il a constaté d'abord :

Que, le beurre de Cacao ayant été fondu, puis
abandonné au refroidissement, un thermomètre,
plongé dans la masse revenue à la consistance pâteuse, a marqué 25° et s'est maintenu à ce point
pendant quelques minutes, après quoi il a baissé
sensiblement;

Que le suif de mouton, au moment de la solidification pâteuse, marquait 36°; le suif de veau, 30;
la moëlle de bœuf, 37°.

« On voit déjà, dit-il, que les degrés de fusion,
» pour le beurre de Cacao et les différentes graisses
» avec lesquelles on le falsifie, diffèrent sensible-
» ment entre eux; ces différences sont également
» plus ou moins marquées pour les mélanges de
» beurre de Cacao et de suif, etc., suivant la quan-
» tité de graisse qu'on incorpore dans le beurre.

» Ainsi un mélange de 10 p. 0,0 de suif de mouton
» a fait monter le thermomètre à 26°; 20 p. 0/0 de la
» même graisse l'ont fait monter à 27°; 30 p. 0/0 à
» 28°; 40 p. 0/0 à 29°; 50 p. 0/0 à 30.

» Du beurre de Cacao mélangé avec 10 p. 0/0 de
» suif de veau a fait monter le thermomètre à 27°
» au moment de la solidification pâteuse; 20 p. 0/0
» de la même graisse l'ont fait monter à 27°,6;
» 40 p. 0/0 l'ont fait monter à 28°, et à 50 p. 0/0 le
» thermomètre a marqué 28°,5.

» Du beurre de Cacao ayant été mêlé avec 10 p. 0/0
» de suif de bœuf au moment de sa solidification
» pâteuse, le thermomètre s'est élevé à 27°; à
» 20 p. 0/0, le thermomètre était à 28°; à 30 p. 0/0,
» il était à 29°,5; à 40 p. 0/0 il s'élevait à 31°, et
» à 50 p. 0/0 il marquait 32°.

» Du beurre de Cacao ayant été mêlé avec 10 p. 0,0
» de moelle de bœuf au moment de sa solidification
» pâteuse, le thermomètre s'éleva à 26°; 20 p. 0/0 de
» moelle le firent monter à 27°,5; 30 p. 0/0 le firent
» monter à 28°,5; à 40 p. 0/0 le thermomètre mar-
» quait 29°,5, et à 50 p. 0/0, 30°.

» Nous avons répété les mêmes expériences sur
» le beurre de Cacao avec l'huile d'amandes dou-
» ces, et nous avons remarqué que la solidification
» pâteuse s'était faite beaucoup plus lentement que
» celle des mélanges dont nous venons de parler;
» nous avons observé en outre qu'en augmentant
» la quantité d'huile (comme nous l'avons fait pro-

» gressivement pour la quantité des suifs), le ther-
» momètre descendait au lieu de monter, comme
» dans le mélange de suif de bœuf, etc.; ainsi, par
» exemple, 5 p. 0/0 d'huile mélangés au beurre de
» Cacao ont donné la solidification pâteuse à 22°;
» 10 p. 0/0 l'ont donnée à 21°; 20 p. 0/0 à 19°;
» 30 p. 0/0 à 18°; 40 p. 0/0 à 17°, et 50 p. 0/0 à 16°.

» ... Nous pouvons donc proposer ces moyens de
» reconnaître les falsifications, et conclure : 1° que le
» beurre de Cacao non falsifié se fond de 24° à 25°;
» 2° que toutes les fois qu'on verra du beurre de
» Cacao fondre ou se solidifier (ces deux termes
» sont pris comme termes moyens pour la fusion)
» à 27°, 28°, etc., il y aura fraude avec les suifs ou
» graisses dont nous avons parlé; 3° enfin que, lors-
» que le thermomètre marquera moins de 24° au
» point de fusion ou de solidification pâteuse, il y
» aura fraude avec de l'huile. »

IX

SORTES OU VARIÉTÉS DE CACAO QUI SE TROUVENT DANS LE COMMERCE (1).

La qualité du Cacao ne dépend pas essentiellement de l'espèce qui le fournit, mais plutôt de la nature du sol et du climat, et aussi du plus ou moins de soin et d'habileté apporté à l'entretien de la plantation, à la récolte et à la préparation des graines. C'est donc d'après leur provenance que les Cacaos sont dénommés et classés dans le commerce. Voici la liste des sortes les mieux définies, avec l'indication des caractères qui les distinguent :

CACAOS DU MEXIQUE. — Ainsi qu'on l'a vu plus haut, on récolte dans les provinces méridionales du Mexique des Cacaos d'une excellente qualité ; malheureusement la totalité des récoltes est consommée dans le pays, et ces Cacaos incomparables ne sont connus en Europe que de nom. Leur aspect et

---

(1) La plus grande partie de ce chapitre est extraite de notre article *Cacao* du *Dictionnaire universel du Commerce et de la Navigation*, et les renseignements qu'il contient sont entièrement dus à l'honorable M. Menier, qui a bien voulu travailler avec nous à la rédaction de cet important article. C'est dire qu'ils sont aussi complets, aussi exacts et aussi *actuels* que possible

leurs caractères sont sans doute les mêmes que ceux
du Soconuzco, tant vantés des habitants de l'Amérique centrale et des voyageurs qui ont visité cette
contrée, mais que nous ne connaissons non plus que
comme certain valet de comédie connaissait les louis
d'or : pour en avoir entendu parler.

CACAO SOCONUZCO ou CACAO ROYAL. — Les graines
de cette espèce sont, dit-on, de la forme et de la
grosseur des olives moyennes. Elles sont revêtues
d'une pellicule grisâtre, mince et peu adhérente.
L'amande est de couleur rougeâtre tirant un peu
sur le violet. Elle exhale, lorsqu'elle a été torréfiée,
une odeur suave et parfumée, et possède une saveur
délicieuse. Enfin elle se divise facilement et ne contient qu'une proportion relativement faible de matière grasse. Le Cacao de Soconuzco, ainsi que celui
du Mexique, s'expédie en surons ou sacs grossiers
en peau, ordinairement en peau de buffle, du poids
de 50 kilogrammes. Il doit être exempt de sable et
de corps étrangers, bien qu'il ait subi l'opération
du terrage.

CACAOS CARAQUES. — On comprend sous cette dénomination les Cacaos fournis par les provinces de
Caracas et de Cumana (Venezuela), et par quelques
autres localités voisines des bords de l'Orénoque.
On les désigne aussi sous le nom générique de *Cacaos de la Côte ferme* ou *de la Terre ferme*. Ce sont les
plus recherchés en Europe. On en distingue plusieurs variétés réunies en deux groupes, savoir :

7.

1° Les *Caraques premier choix* ou *Caraques proprement dits*, récoltés à Occumare, à Choroni, à Naiguata et à Rio-Chico; ils sortent tantôt par la Guayra, port de Caracas, tantôt par Porto-Cabello, et prennent dans le commerce le nom de celle de ces deux localités d'où ils ont été expédiés. Leur prix moyen, dans le pays, est de 22 à 32 piastres (88 à 128 fr.) la fanègue d'environ 50 kilogrammes. Les graines de Caraque premier choix sont de la dimension d'une belle olive, mais leur forme est moins régulière et un peu aplatie. Elles sont recouvertes d'une légère couche de terre micacée ou d'une poussière tantôt rougeâtre, tantôt d'un gris argenté. La pellicule ainsi terrée qui les enveloppe est plus épaisse que celle des autres sortes de Cacao. La face intérieure de cette pellicule est rougeâtre. L'amande est d'un brun clair, s'écrase aisément et ne contient pas tout à fait moitié de son poids de beurre. Elle est douée d'une saveur très-agréable et d'un arome particulier.

2° Les *Caraques second choix*, appelés *Carupano* dans le Venezuela et en Espagne. Ce groupe comprend les variétés de *Rio-Caribe*, *Irapa*, *Guiria* et *Yagaraparo*, qui ne diffèrent entre elles que par des caractères sensibles seulement pour les personnes habituées au maniement de cette marchandise. Les grains de Caraque second choix sont réguliers et de forme ovoïde. Leur pellicule est peu épaisse et lisse, parce qu'ils ne sont pas toujours terrés. Lorsqu'ils ont subi cette préparation, ils sont recouverts, comme ceux de premier choix, d'une légère couche de sable micacé. Leur chair est d'un brun clair, tendre, savoureuse et d'un arome agréable, mais moins fin que dans les Caraques proprement dits. Le prix moyen du Carupano est de 12 à 26 piastres la fanègue. — Il arrive en balles de toile de chanvre ou de coton de 50 à 60 kilogrammes. Les balles de Caraque proprement dit ne dépassent guère le poids d'une fanègue, c'est-à-dire à peu près 50 kilogrammes.

On range quelquefois parmi les Caraques le Cacao de *Varinas*, fourni par la province de ce nom; mais il est inférieur aux précédents. Ses graines sont petites, à pellicule brune, à chair grasse, d'une saveur forte, mais agréable.

CACAO DE LA MADELEINE. — Cette sorte a aujourd'hui disparu du commerce, soit qu'il n'en vienne plus en Europe, soit qu'elle n'arrive que confondue avec celles de localités plus ou moins voisines. On la plaçait autrefois immédiatement après le Soconuzco, dont elle diffère seulement, disent les auteurs, par la forme plus arrondie de ses grains et par la saveur moins fine de son amande.

CACAO DE MARACAÏBO. — On a aussi comparé ce Cacao à celui de Soconuzco. Les descriptions qu'on en a données communément le rapprochent beaucoup du précédent, au moins quant à l'aspect et à la forme; mais il paraît qu'il est fort inférieur au

Soconuzco et même au Carupano sous le rapport de la saveur et du parfum, ce qui provient de ce que les sacs contiennent toujours un grand nombre de grains verts qui communiquent aux autres leur âpreté. Il en arrive, du reste, fort peu en France. On l'emballe dans des surons de peau ou dans des sacs de chanvre-pitte. Il est toujours propre et exempt de corps étrangers.

CACAO DE GUAYAQUIL. — Ce Cacao, que quelques auteurs ont confondu à tort avec les Caraques, constitue une sorte parfaitement distincte, et, comme on l'a vu, le principal article de commerce de la république de l'Équateur. Ses grains sont larges, arrondis aux extrémités, mais plus minces du côté du germe. Sa pellicule est d'un brun plus ou moins foncé, avec des nuances grisâtres. Sa chair est également brune. Sa saveur est franche, mais forte, et d'un arome un peu trop prononcé. Aussi emploie-t-on le Guayaquil pour la préparation de Chocolats à bon marché, dans lesquels ont fait entrer, avec beaucoup de sucre, des Cacaos inférieurs ou avariés, dont il masque la saveur insuffisante ou désagréable. Cette sorte est expédiée principalement en Espagne, en Angleterre, en Allemagne, et dans le midi de la France. Son emballage consiste en sacs de toile de chanvre ou de coton, qui en contiennent environ 50 kilogrammes.

CACAO TRINIDAD OU DE LA TRINITÉ. — Il provient de l'île de ce nom. On le rangeait naguère parmi

les sortes inférieures ; ses grains étaient rarement
mûrs ; la pellicule qui les recouvrait était d'un gris
terne, et leur amande d'un brun noirâtre. Ce Cacao
avait une saveur acerbe et une odeur de fumée. On
le mélangeait d'ordinaire avec les Caraques second
choix, ce qui était pour ceux-ci une cause de dé-
préciation. Mais depuis quelques années sa qualité
s'est sensiblement améliorée ; il est aujourd'hui estimé presque à l'égal du Carupano, et son importation s'accroît en même temps que sa production. Ses
grains sont de forme aplatie ; leur pellicule est gris-
foncé, et leur chair d'un brun clair. Il arrive en
sacs de toile du poids de 75 à 96 kilogrammes.

CACAO DE CUBA. — Il ressemble beaucoup au Trinidad. Ses grains sont ovoïdes et aplatis ; leur pellicule est rouge, leur chair d'un brun foncé, leur
saveur aromatique, mais un peu âpre. On a vu quel
développement ont pris presque subitement à Cuba
la production et le commerce de cette denrée. Les
prix, dans l'île, du Cacao indigène ont été longtemps
assez modérés ; ils ne dépassaient guère 8 à 10 piastres, année moyenne ; mais en 1857 des ordres
d'achat multipliés les ont fait monter, la spéculation
aidant, jusqu'à 28 et 30 piastres le quintal. Au
commencement de 1858, les prix sont entrés dans
une période décroissante ; et à la fin de la même
année l'offre n'étant pas inférieure à la demande, la
baisse paraissait devoir continuer.

CACAO DE PARA OU DE MARAGNAN. — Cette espèce

est en grains de grosseur variable, allongés et légèrement aplatis, à pellicule tantôt grise, tantôt rougeâtre, unie ou mêlée de noir; à chair d'un brun
clair lorsque les grains sont bien mûrs, violacée ou
verdâtre lorsqu'ils ne le sont pas assez; à saveur
douce dans le premier cas, acerbe et herbacée dans
le second, qui malheureusement n'est pas rare. Le
Maragnan a souvent aussi un goût de moisi, dont la
torréfaction ne le débarrasse qu'imparfaitement.
Cela tient au trafic coupable des planteurs du pays,
qui envoient ce produit aux ports d'embarquement
dans des pirogues, et qui ne manquent guère de
l'humecter largement pour le rendre plus lourd.
La proportion des grains avariés est toujours de
10 p. 0/0 au moins. A l'état sain, le Para, quoique
peu savoureux, est très-franc de goût. On peut alors
le mêler avec avantage au Caraque, pour la préparation de chocolats qui réunissent les deux conditions, si désirables et ordinairement incompatibles,
du bon marché et de la bonne qualité. Le prix de
cette sorte, qui n'avait jamais dépassé 2,600 reis
l'arrobe, a monté en 1857 jusqu'à 6, 7 et 8,000 reis.
Le Para vient beaucoup en France. Son emballage
consiste en sacs du poids de 70 à 75 kilogrammes.

CACAO DE LA NOUVELLE-GRENADE. — Il ressemble
au Maragnan. Même emballage. La plus grande partie est expédiée en Angleterre, où elle est vendue
pour la consommation intérieure.

CACAO DE BAHIA. — Il provient, à ce qu'on croit,

du plants de Caraque dégénérés. Il est rarement assez mûr. Ses grains sont tantôt arrondis, tantôt aplatis et irréguliers. Leur pellicule est lisse et veinée de rouge clair sur un fond plus terne. Leur chair est violacée et donne une pâte noire; leur saveur est acerbe et fumeuse. C'est, en résumé, un Cacao médiocre, bien qu'il ait été quelquefois vendu au même prix que le Maragnan. L'Angleterre en reçoit de grandes quantités. Il s'expédie en sacs de toile de coton, et quelquefois en barils de poids variable.

CACAOS DE LA GUYANE. — On en distingue plusieurs variétés. Le *Cacao de Cayenne* est en grains de forme ovale, aplatis aux extrémités et couverts d'une pellicule grise. Ces grains sont durs. On a coutume de les passer au four pour empêcher la germination. Leur chair est brune, leur saveur âpre; ils exhalent une légère odeur de fumée. Quelques auteurs distinguent deux sous-variétés de Cayenne : le *Sinnamari* et l'*Arawari*, dont la différence est peu sensible. L'emballage consiste en sacs de toile ou en barils de contenance variable.

Le *Démérari*, qui vient de la Guyane anglaise, ressemble beaucoup au Cayenne et s'expédie dans les mêmes emballages.

Le *Surinam*, fourni par la Guyane hollandaise, est en gros grains arrondis, à pellicule blanchâtre et poudreuse; sa chair est tantôt grise, tantôt d'un brun noirâtre tirant sur le violet. Il en existe aussi une variété plus petite, plus aplatie, dont la chair est presque blanche. Le Surinam a une saveur amère. Son emballage est le même que celui du Cacao de Cayenne.

CACAO DES ILES. — Cette désignation générale s'applique aux produits des cacaoyères qui ont été établies avec plus ou moins de succès dans les Antilles. Les espèces qu'on reçoit le plus souvent en Europe sont les suivantes :

Cacao d'Haïti. — La forme de ses grains est à peu près celle des grains de Maragnan, mais leur volume est moindre et leur couleur d'un brun plus foncé. Il est terré. Sa pellicule est souvent avariée par l'effet d'une fermentation trop prolongée. Sa saveur est faible et médiocrement agréable. Il arrive en sacs de poids divers.

Cacao de la Jamaïque. — Il est en grains plats et allongés, à pellicule grise, pointus à l'une de leurs extrémités. Sa chair est le plus souvent violette, quelquefois verdâtre, quelquefois d'un brun clair. Sa saveur est acerbe. Son emballage est celui du Cacao d'Haïti.

Cacao de la Guadeloupe. — Son amande est plus ronde et plus plate que dans l'espèce précédente ; sa saveur est un peu acerbe. Même emballage.

Cacao de la Martinique. — Dans cette île, on cuve le Cacao avec sa pulpe. L'amande est de même forme que celle du Jamaïque. Sa couleur est rouge-vif à l'extérieur. Sa chair est violacée, sa saveur âpre ou vineuse. On l'expédie dans des sacs de toile ou dans des barils de toutes dimensions.

Cacao de Sainte-Lucie. — Il diffère à peine du Martinique et s'expédie de la même façon. La plus grande partie est achetée par des négociants d'Europe, qui le mélangent avec le Para.

Cacao de Sainte-Croix. — Il se rapproche plutôt de l'Haïti, si ce n'est que ses grains sont plus gros. Même emballage.

CACAO DE BOURBON. — Le Cacaoyer s'est passablement acclimaté dans cette île, mais les plantations y sont peu nombreuses et assez négligemment entretenues, la culture du café et de la canne à sucre offrant aux colons de plus grands avantages que celle du Cacaoyer, dont ils n'obtiennent maintenant que de médiocres produits. La graine du Cacao de Bourbon, luisante et d'un rouge pâle, est la plus courte que l'on connaisse. Sa pellicule est mince, fendillée et peu adhérente. Sa chair est d'un rouge violacé. Bien qu'on le récolte en bonne maturité, sa saveur est vineuse et peu agréable. Il arrive en sacs de poids divers.

Parmi les sortes mêmes que nous venons de décrire, plusieurs paraissent à peine sur nos marchés, et nous ne les avons mentionnées que pour mémoire. Les Caraques, le Guayaquil, le Para ou Maragnan, les Cacaos d'Haïti, de la Martinique, et, depuis quelques années, ceux de Trinidad, sont, en résumé, les espèces qui alimentent presque exclusivement la consommation en France et dans la plupart des autres pays de l'Europe. Les autres n'y entrent que pour une part secondaire ou insignifiante.

Ajoutons, en terminant ce chapitre, que la forme, l'aspect, la couleur, l'odeur, la saveur même, et les autres caractères que nous avons indiqués comme propres aux Cacaos des diverses provenances sont exacts *généralement*, mais non *absolument*, et qu'ils peuvent varier d'une manière plus ou moins sensible par l'effet de circonstances accidentelles. L'expérience, aidée d'un odorat et d'un goût délicats et exercés, est donc indispensable pour distinguer sûrement une sorte d'une autre, et pour reconnaître le seul genre de falsification qu'on fasse quelquefois subir aux Cacaos, à savoir, le mélange des bonnes qualités avec des qualités inférieures ou des Cacaos avariés.

X

ORIGINE DU CHOCOLAT.

Quelques auteurs ont eu la curiosité, un peu puérile peut-être, de rechercher l'origine du mot *Chocolat*. Ils ont découvert que ce mot était d'origine mexicaine, et composé de *tchoco*, qui signifie bruit ou son, et de *latté* ou *latl*, qui est le nom mexicain de l'eau, « parce que, dit M. Delcher, les Mexicains » faisaient fortement mousser cette substance dans » l'eau avant de la prendre. » Cette explication nous semble bien un peu forcée ; mais nous laissons à de plus compétents le soin de discuter ce point de linguistique, et nous renvoyons nos lecteurs à la fin de ce volume ; ils trouveront, dans la savante et spirituelle notice de M. F. Denis, de quoi satisfaire leur curiosité touchant les antiquités historiques et les légendes mythiques où figurent le Cacaoyer et son amande savoureuse, ambroisie que les dieux du nouveau Monde daignèrent partager avec les humbles mortels.

Il faut avouer que cette ambroisie flatterait médiocrement notre goût, si elle n'était édulcorée avec une forte dose de sucre ; une purée de Cacao, assaisonnée de sel, de poivre et d'autres condiments, trouverait probablement parmi nous peu d'amateurs.

Mais les goûts changent selon le temps, les pays et les habitudes, et aussi dit-on avec raison qu'ils ne sont point sujets à dispute. Les anciens se régalaient de plusieurs mets complétement rejetés de la cuisine moderne; et tel aliment qui chatouille agréablement le palais d'un Chinois ou d'un Hindou donnerait d'affreuses nausées à un Européen. De même, le Chocolat primitif des Mexicains autochthones ne ressemblait en rien à celui que savourent avec tant de délices nos gourmets et nos petites maîtresses.

Il consistait en une bouillie de maïs et de Cacao cuits dans l'eau et relevée avec force poivre rouge. C'était une variété, un perfectionnement de l'*atolle*, mets national par excellence des anciens Mexicains. Néanmoins le Cacao avait chez ce peuple une importance plus grande que nous ne l'accordons même aux produits alimentaires réputés chez nous les plus indispensables. C'était pour les Mexicains la marchandise type, dont le débit est toujours assuré, qui n'est exposée qu'à des dépréciations relatives et peut, par conséquent, représenter toutes les autres marchandises. Aussi lui faisaient-ils jouer le même rôle qui appartient en Europe à l'or et à l'argent, à cette différence près que le Cacao se mange, tandis que ces métaux ne se mangent point. En un mot, ils se servaient de fèves de Cacao en guise de monnaie, ce qui ne les empêchait point de les consommer lorsqu'elles avaient rempli cet office pendant un certain temps. Les provinces méridionales, où le Cacaoyer

croit le plus abondamment et donne les plus belles
récoltes, payaient en Cacao leur tribut au cacique.
On comptait ces graines par mesures appelées *contle*,
xiquipil et *carga*. Le *contle* était de 400 amandes, le
xiquipil de 200 contles ou 8,000 amandes, et le
carga de trois xiquipils ou 24,000 amandes. On peut
donc évaluer approximativement le carga à 75 livres
en poids ou 32 kilogrammes 500 grammes. La province de Tabasco payait, à elle seule, environ 2,000
xiquipils par an, et le tribut des autres provinces était
proportionné de la même manière à l'importance de
leur production. Aussi les greniers du célèbre Montézuma regorgeaient-ils de cette précieuse denrée,
et Fernand Cortez en trouva 40,000 cargas dans un
seul magasin. Le Cacao était contenu dans de grands
paniers revêtus intérieurement d'un enduit imper-
méable, et rangés symétriquement par ordre de
grandeur. Les moindres étaient tellement lourds,
que six hommes, selon Herrera, pouvaient à peine
en porter un.

Les Espagnols n'abolirent point d'abord cet usage
du Cacao; ils l'adoptèrent même, au Mexique s'entend, pour leurs aumônes et pour l'achat des objets
peu coûteux, et il leur fallut bien l'accepter comme
contribution de la part des indigènes, qui ne savaient
point s'acquitter envers leurs maîtres sous une autre
forme.

Quelques années après la conquête, on recevait
encore 200 amandes pour un réal de douze sous, et

vers le milieu du dix-septième siècle, un millier de grains valait douze réaux et demi. Il y avait dans cette coutume quelque chose de naïf qui a arraché à un auteur espagnol du temps, Don Pedro Martyr de Angleria, une exclamation d'attendrissement : « *O felicem monetam*, s'écrie-t-il, *quæ suavem utilemque præbet humano generi potum, et e tartarea peste avaritiæ suos immunes servat possessores!* » Un autre, François Pedro Flores de Léon, professeur de théologie et régent des études à l'université de Salamanque, proposa sérieusement d'introduire en Castille l'usage du Cacao comme monnaie de billon, et il appuya cette proposition d'arguments qui ne manquaient pas de justesse; mais les Espagnols préférèrent continuer à se servir de l'argent et du cuivre pour les échanges, et consommer en nature le Cacao.

Lorsque M. de Humboldt visita le Mexique, les gens du peuple et surtout les Indiens y faisaient encore usage des fèves de Cacao comme de menue monnaie, et six grains étaient reçus pour la valeur d'un sou.

Revenons à l'usage alimentaire du Cacao et à la préparation du Chocolat.

Bien que l'habitude générale fût, au moment de la conquête, d'assaisonner la bouillie de Cacao avec du poivre et d'autres épices, quelques personnes dont le goût était moins viril et plus sensible aux douceurs préféraient le mélanger avec du miel et du suc de maguey. Les Espagnols trouvèrent mieux à leur gré ce mode de préparation et s'occupèrent de le per-

fectionner. Le sucre était alors un produit encore
nouveau, mais cependant assez répandu en Asie et
en Europe. On eut l'idée de le substituer au miel
dans la préparation du Chocolat, et le mets délicieux
qui résulta de ce mélange obtint aussitôt tous les
suffrages. Les Espagnols en firent leurs délices, et
parmi les indigènes eux-mêmes, beaucoup ne vou-
lurent plus dès lors entendre parler de leur ancienne
bouillie poivrée. Il est probable que cette heureuse
invention contribua puissamment à faire transplanter
la canne à sucre dans les régions intertropicales de
l'Amérique, et à en développer la culture.

Le Chocolat fut bientôt l'aliment favori des créoles,
surtout pour les repas légers du matin et de l'après-
dînée, et une multitude de femmes du peuple se
mirent à vendre dans les rues des chocolats de diverses sortes, aromatisés avec de la vanille ou de la
cannelle, et quelquefois colorés en rouge avec de
l'achiote, substance tinctoriale qu'on extrait des
fruits du *roucouyer*, et dont les Indiens se servent de
temps immémorial, tant pour se tatouer ou se pein-
dre le corps, que pour donner à certains de leurs
mets favoris un aspect qui excite l'appétit en flattant
la vue. Puis des boutiques ou tavernes s'ouvrirent dans
les villes, sous le nom de *Chocolaterias*; c'étaient des
établissements semblables à nos *cafés* et à nos
crèmeries d'aujourd'hui; seulement on n'y préparait
que du Chocolat à l'eau, soit pur, soit mélangé de
farine de maïs, et aromatisé selon le goût des con-

sommateurs. Il va sans dire que les *Chocolaterias*
étaient d'un genre plus ou moins relevé, les unes
fréquentées seulement par les riches créoles, les
autres ouvertes aux Indiens, aux nègres et aux gens
de la plèbe.

« Du temps de Thomas Gage, dit M. Gallais
» dans sa *Monographie du Cacao*, ces établissements
» étaient répandus en grand nombre sur les bords
» du canal de Xamaïca. Des joueurs d'instruments
» venaient sur des barques égayer de leurs concerts
» les convives rassemblés le long du canal.....

» Dans la ville de Guaxaca, des religieuses, tou-
» jours habiles dans la préparation des choses déli-
» cates, apportèrent de grands perfectionnements à
» la boisson de Cacao, dont elles relevèrent la sa-
» veur par des aromates du pays, tels que la vanille,
» le piment et les fleurs d'orjevala; elles y ajoutè-
» rent aussi des noisettes d'Amérique.

» Les dames créoles aimaient surtout le chocolat
» avec passion; c'était peut-être par nécessité, puis-
» que le Cacao redonne du ton et de la vigueur aux
» organes énervés par le climat. Suivant Acosta,
» elles ne pouvaient vivre sans cette précieuse li-
» queur; les dames de Chiapa en prenaient même à
» l'église, où elles se le faisaient apporter par leurs
» esclaves. L'évêque leur ayant reproché cet excès
» de sensualité, elles abandonnèrent leur pasteur pour
» aller entendre la messe dans une autre église. »

Le goût des Mexicains de toute race et de toute

classe pour le Chocolat ne s'est point affaibli, tant
s'en faut. C'est toujours l'aliment national par excellence. Là comme en Espagne, dès qu'un étranger,
un visiteur, entre dans une maison, c'est un devoir
banal d'hospitalité de lui offrir tout d'abord deux
choses : un *cigarito* et une tasse de Chocolat à l'eau;
et le voyageur qui s'arrête dans une auberge perdue
au mieu des forêts est toujours certain d'y trouver
au moins du Chocolat.

Cependant il n'y a pas au Mexique de fabriques de
Chocolat comme en Europe, et, chose assez bizarre,
le seul Chocolat en tablettes qui s'y vende y est im-
porté par le commerce européen, surtout par le
commerce français. Mais l'usage le plus répandu, à
Mexico notamment, est que chacun achète son
Cacao en graines et le fait écosser et moudre à la
maison, ou bien l'envoie chez des *meuniers* spéciaux
qui s'acquittent de ce travail moyennant un modique
salaire, comme chez nous les meuniers se chargent
de moudre le blé ou le seigle. C'est avec ce Cacao
moulu qu'on prépare dans les maisons la boisson de
Chocolat sucrée et aromatisée au goût du maître.

Les Espagnols furent les premiers Européens qui
connurent l'usage du Cacao, et ils se le réservèrent
longtemps pour eux seuls, ne s'avisant pas qu'ils en
pouvaient faire la base d'une industrie et d'un commerce lucratifs avec les autres nations. Si bien que
pendant la guerre avec la Hollande les vaisseaux de
ce pays qui capturaient des navires espagnols chargés

8

de Cacao jetaient, assure-t-on, la cargaison à la mer, appelant dédaigneusement ces graines, dont ils ignoraient la valeur, *des crottes de brebis.*

Néanmoins ils ne pouvaient garder toujours un tel secret, et lorsque d'autres Européens eurent établi des colonies en Amérique, la culture et l'exportation du Cacao se développèrent graduellement. Le gouvernement espagnol essaya d'arrêter, autant qu'il put, ce trafic en l'interdisant à ses sujets du nouveau Monde avec tout autre pays que l'Espagne. Mais cette prohibition n'eut d'autre résultat que de décider un grand nombre de planteurs de la Terre ferme à nouer des relations frauduleuses avec les négociants anglais et hollandais, de donner à la contrebande une excellente occasion de s'organiser et de se livrer à des opérations lucratives, et enfin de stimuler l'activité des nations rivales, qui ne tardèrent pas à introduire dans leurs colonies la culture du Cacaoyer, et à faire au commerce espagnol une concurrence redoutable.

« Ce fut la capitale de la Hollande, dit M. Delcher, » qui recéla tous les Cacaos de Caraque. Ils y furent » vendus.

» Sur les soixante-cinq mille quintaux que récol- » tait à la fin du dix-septième siècle la province de » Venezuela, il n'y avait pas 20,000 quintaux d'ex- » portations légales; encore ces dernières étaient- » elles souvent faites par des étrangers munis d'un » prête-nom espagnol.

» Insensiblement ce commerce tomba alors dans
» une pénurie presque complète. De 1706 à 1722,
» c'est-à-dire pendant seize ans, on ne vit pas ar-
» river en Espagne un seul vaisseau de Caracas. Le
» trafic du Cacao avec la métropole eut aussi le
» même sort. Telle était la négligence des Espagnols
» ou le vice de leur conduite dans le commerce,
» qu'ils étaient obligés d'acheter des étrangers, à
» un prix exorbitant, cette production de leurs
» propres colonies. »

En 1718, une Compagnie dite du Guipuscoa ou
des Caraques obtint du roi Philippe V le privilége du
commerce de Caracas et de Cumana, sous la condition d'équiper à ses frais un nombre de vaisseaux
suffisant pour purger la côte des contrebandiers.
Cette Compagnie parvint à relever le commerce espagnol dans ces parages.

En 1778, le régime du privilége fut remplacé en
Espagne par la liberté, et la législation sur le commerce des Cacaos est aujourd'hui, dans ce royaume,
une des plus libérales qui existe en Europe. Aussi
la consommation du Chocolat y est-elle beaucoup
plus considérable que dans aucun autre pays, sans
en excepter le nôtre, bien que la population de l'Espagne soit, comme chacun sait, bien inférieure à
celle de la France.

De l'Espagne et du Portugal le Cacao et le Chocolat se répandirent en Italie et en France, tandis
que les Hollandais les introduisaient en Angleterre

et en Allemagne, d'où ils gagnèrent peu à peu le reste de l'Europe.

. Dans le principe, si l'on ne considérait pas tout à fait le Chocolat comme un médicament, c'était au moins une substance trop rare et douée de vertus trop précieuses pour être livrée à la consommation courante ; on le réservait donc pour les personnes convalescentes ou atteintes de certaines maladies chroniques, et qui avaient besoin d'une nourriture à la fois plus substantielle et plus délicate que les personnes bien portantes. Néanmoins les gens riches, qui, sous prétexte d'hygiène, saisissent volontiers l'occasion de se livrer un peu à la gourmandise, ne laissèrent pas, pour affermir et conserver leur santé, ou se remettre des petites indispositions dont l'opulence et la bonne chère ne préservent pas les *heureux du monde*, d'adopter l'usage journalier du Chocolat, qui devint ainsi un aliment de luxe fort à la mode dans la haute société, à la cour et même parmi le clergé tant régulier que séculier.

Il fut introduit en France sous le règne de Louis XIII, par des moines espagnols, et le premier personnage de marque auquel ces religieux le firent agréer fut, dit-on, le cardinal de Lyon, Alphonse de Richelieu, qui, d'après leurs conseils, s'en servit avec succès « *pour modérer les vapeurs de sa rate* ». Quoi qu'il en soit, l'usage du Chocolat était déjà assez répandu en France vers la fin du dix-septième siècle, grâce à la propagande que faisaient en sa faveur les médecins d'une part, et d'autre part les théologiens.

En effet, tandis que les premiers dissertaient doctement touchant l'action du Cacao sur les humeurs âcres, sur les esprits vitaux et sur la chaleur des viscères, les seconds entamèrent une sérieuse polémique sur la question de savoir si le Chocolat à l'eau devait être considéré comme un aliment ou comme une boisson. — Grave question, car dans le premier cas il rompait le jeûne, dans le second il ne le rompait point, et l'on pouvait se le permettre le matin avant midi, pendant la semaine sainte et aux autres jours consacrés par l'Église à la mortification de la chair. Les prêtres aussi pouvaient, dans la seconde hypothèse, prendre une tasse de Chocolat avant d'aller dire leur messe. Ce point important de discipline fut traité par plusieurs théologiens italiens et espagnols, dans des ouvrages qui eurent alors un certain retentissement. Nous citerons entre autres le livre *De usu et potu Chocolatæ diatriba*, etc. (in-4°, Romæ, 1664), dû au cardinal Brancaccio. Les Jésuites soutinrent que le Chocolat était une simple boisson ; les Jansénistes protestèrent que c'était un *manger*. — Nous ignorons la conclusion de ce grand débat. Madame de Sévigné, en femme d'esprit, jugea que les uns et les autres avaient raison, — suivant la circonstance, — c'est-à-dire suivant la fantaisie de chacun. C'est au moins ce qui ressort d'un passage d'une de ses lettres.

8.

« Je pris avant-hier, dit-elle, du Chocolat pour
» digérer mon dîner, afin de bien souper, et j'en ai
» pris hier pour me nourrir et pour jeûner jusqu'au
» soir ; voilà de quoi je le trouve plaisant, c'est qu'il
» agit selon l'intention. »

La vogue du Chocolat dans les hautes régions de
l'aristocratie française se maintint pendant le dix-
huitième siècle. Les rois de France, on le sait, re-
cevaient le matin leurs courtisans à leur *petit lever*.

« Le Régent, dit le maréchal de Belle-Isle dans
» son *Testament politique*, n'avait point de petit
» lever..... Après son lever, l'huissier de la chambre
» ouvrait l'escalier dérobé, et son Altesse Royale
» venait alors prendre son Chocolat dans une grande
» pièce où l'on venait lui faire sa cour; c'est ce qu'on
» appelait *être admis au Chocolat de son Altesse Royale.* »

A cette époque, les fabriques de Chocolat étaient
peu nombreuses en France et n'employaient guère
que le Cacao fort médiocre provenant de nos colonies. L'Espagne et la Hollande, qui tiraient le Cacao
de la côte ferme, du Guatemala et du Mexique,
avaient donc le monopole du bon Chocolat, et celui
de production nationale était abandonné aux *petites
gens*. Les fabriques commencèrent à se multiplier et
à améliorer leurs produits vers la fin du dix-huitième
siècle; mais le développement réel et soutenu de
notre industrie chocolatière ne date que d'une cin-
quantaine d'années environ. Nous verrons bientôt
quelle marche rapidement progressive elle a suivie

et à quel haut degré d'importance elle est parvenue aujourd'hui, grâce surtout à l'initiative de quelques grands industriels qui se sont mis à fabriquer le Chocolat sur une vaste échelle et à le répandre dans toutes les classes de la société avec le secours d'une large publicité et l'adjuvant efficace d'un abaissement de prix considérable. Cet abaissement de prix et cette vulgarisation de l'usage du Chocolat ont été favorisés d'ailleurs par l'extension et le perfectionnement de la culture du Cacaoyer dans les régions centrales du continent américain et dans les Antilles ; par le développement prodigieux que le commerce maritime a pris depuis le rétablissement de la paix en Europe à la suite des guerres du premier Empire ; enfin par les découvertes de la science, et particulièrement par l'invention des machines à vapeur, qui ont permis de substituer à la fabrication manuelle la fabrication mécanique, et de produire à meilleur compte et avec une extrême rapidité, d'immenses quantités de Chocolat (1).

---

(1) Il est cependant à remarquer que, dans une des plus grandes usines à Chocolat qui existent en France, celle de M. Menier, à Noisiel (Seine-et-Marne), ce n'est pas la vapeur, mais l'eau de la Marne qui fournit la force motrice, par le moyen d'un ingénieux système de turbines, dû à M. Girard. MM. Ibled possèdent également une usine hydraulique dont les machines sont mises en mouvement par l'eau de la Somme ; mais ces importantes exceptions sont motivées par des circonstances exceptionnelles et par une situation qu'il n'est pas donné à tout le monde de rencontrer pour l'installation d'un établissement de ce genre.

XI

FABRICATION DU CHOCOLAT.

La fabrication du Chocolat, fort simple en elle-même, mérite de nous arrêter quelques instants, en raison des procédés expéditifs et des appareils ingénieux qu'on y emploie, et du rôle important qu'elle joue dans le mouvement général de la production. Nous la décrirons telle qu'elle se pratique dans l'usine de M. Menier, à Noisiel, où nous avons été admis à la suivre dans toutes ses phases. Pourvu d'un magnifique outillage, disposant de moyens mécaniques puissants et perfectionnés, et opérant sur d'immenses quantités de matières premières, cet établissement peut être considéré comme une usine type où se trouvent réunis tous les éléments matériels d'une exploitation vaste et complète. Nous ne parlons point du personnel, entièrement composé de travailleurs actifs, exercés et moraux, de l'un et de l'autre sexe, ne se recrutant que dans l'élite de la classe ouvrière, ne se renouvelant guère que *par suite de décès*, et formant, sous une direction intelligente et paternelle, une sorte de république, ou, pour mieux dire, de phalanstère, que nous recommandons aux partisans de l'*organisation du travail*.

Nous ne reviendrons pas sur le choix et sur l'examen des Cacaos destinés à entrer dans la fabrication du Chocolat. Ce soin regarde exclusivement le fabricant lui-même ou son représentant immédiat, car il exige une connaissance parfaite des diverses sortes de Cacaos, des caractères propres à chacune d'elles, et surtout de la saveur et du parfum plus ou moins agréables qu'elles doivent acquérir par la torréfaction et par le mélange avec le sucre. Nous dirons seulement qu'en général on réserve les Caraques pour la confection des meilleurs Chocolats, tandis que les Cacaos du Brésil, de Guayaquil et des Antilles entrent concurremment dans la composition des produits de qualité commune (1). L'usine de M. Menier ne produit point de qualités inférieures. Les déchets sont vendus pour cet usage à d'autres fabricants qui les utilisent en les associant aux Cacaos ordinaires, et livrent au commerce les

---

(1) Le plus sûr moyen de choisir les meilleures sortes de Cacao et d'effectuer les approvisionnements dans les meilleures conditions est assurément celui qu'emploient quelques grands fabricants, M. Marquis et M. Menier, par exemple, et qui consiste à fréter eux-mêmes des navires pour aller chercher la précieuse fève dans les pays de production. M. Menier se propose en outre d'acquérir des cacaoyères qui, cultivées avec soin, sous la direction de régisseurs habiles et expérimentés, lui fourniront désormais la plus grande partie de sa matière première. Mais des industriels disposant de ressources considérables peuvent seuls, en se faisant à la fois cultivateurs, importateurs et fabricants, réaliser tous les éléments propres à assurer l'excellence et le bon marché des produits qu'ils livrent à la consommation.

Chocolats à bon marché dont nous avons parlé plus haut.

Triage. — Les fèves extraites des sacs sont mises en tas sur des tables dont les rebords élevés forment une trentaine de cases à trois côtés, devant lesquelles sont assises autant de femmes. Celles-ci opèrent à la main le triage du Cacao, en séparant les grains gâtés, verts ou avariés, ainsi que les corps étrangers : fragments de bois, pierres, etc.

Torréfaction. — Le Cacao, ainsi trié et nettoyé, est introduit dans les broches ou tambours où s'opère la torréfaction. Les broches sont en tôle et semblables à celles dont on se sert pour griller le café. Autrefois le grillage du Cacao s'opérait dans des poêles à l'air libre. Il fallait qu'un ouvrier fût constamment occupé auprès de chaque poêle, à agiter et à retourner les grains, comme un cuisinier remue un ragoût dans la casserole, pour prévenir les *coups de feu.* Malgré cela, les grains étaient presque toujours grillés d'une manière inégale, et la négligence des hommes chargés de cette besogne occasionnait souvent des accidents dont le consommateur avait à souffrir au moins autant que le fabricant, car celui-ci, la plupart du temps, ne se souciait avant tout que d'éviter les pertes, et les portions carbonisées passaient avec le reste dans le courant de la fabrication. En outre, le parfum du Cacao se perdait en grande partie, l'huile essentielle et aromatique, que la torréfaction a pour but de développer, étant en-

traînée avec trop de facilité avec la vapeur d'eau et
les gaz qui se dégagent par la chaleur et l'agitation.
Enfin, ce procédé était d'une extrême lenteur et
exigeait une main-d'œuvre coûteuse et une dépense
inutile de combustible. Il n'est plus en usage que
dans les pays où l'industrie n'a pas encore ressenti
les effets du progrès des sciences, et dans lesquels
l'ignorance a perpétué le règne de la routine, l'attachement aveugle aux procédés primitifs, et la sainte
terreur des innovations.

A Noisiel, la torréfaction s'exécute à la fois dans
six broches contenant chacune de 35 à 40 kilogrammes de Cacao. Ces broches sont chauffées au
bois. Elles reçoivent de la machine hydraulique un
mouvement lent de rotation horizontale. La durée
de l'opération est d'une demi-heure à peu près, et
la température ne s'élève pas au-dessus de 120 à
130 degrés.

Écossage. — Après avoir subi la torréfaction, le
Cacao est porté dans des appareils mus, comme les
précédents, par la machine, et dans lesquels il est
soumis à l'action de battoirs qui, en frappant légèrement les graines, brisent leurs arilles ou cosses.
Il est ensuite entraîné, par le mouvement d'une toile
métallique sans fin, dans des ventilateurs où l'action
de l'air, combinée avec un mouvement analogue à
celui qu'on imprime aux vans pour vanner le blé,
chasse au dehors les cosses brisées. Celles-ci sont
ramassées et emballées. Elles constituent un article

de commerce important. On les vend au prix de 20 à 25 francs les 100 kilogrammes, à des négociants qui les expédient au dehors, principalement en Hollande et aux îles Britanniques. L'Irlande seule en consomme annuellement 200,000 kilogrammes environ, tandis que la consommation du Chocolat dans ce pays ne dépasse pas 2,000 kilogrammes. Les cosses de Cacao, moulues et bouillies longtemps avec de l'eau ou du lait, donnent une sorte d'extrait brun d'une saveur faible, mais assez agréable; les pauvres gens de l'Irlande et des Pays-Bas, en buvant cette décoction sucrée, peuvent, avec un peu de bonne volonté, se persuader qu'ils prennent du Chocolat.

Broyage du Cacao. — Les amandes de Cacao, torréfiées, débarrassées de leurs coques et triées de nouveau pour les qualités fines, sont premièrement moulues, c'est-à-dire réduites en une poudre assez grossière, dans un moulin semblable aux moulins à poivre dont se servent les épiciers. Ce moulin, comme tous les autres appareils, est mis en jeu par le moteur hydraulique. La poudre de Cacao tombe dans un récipient placé au-dessous du moulin, et on la porte immédiatement aux broyeuses proprement dites. Le Cacao moulu ne subit qu'un seul broyage avant d'être mélangé au sucre. L'usine de Noisiel possède quinze appareils, de divers systèmes et de diverses puissances, tous appliqués uniquement au broyage du Cacao. La broyeuse

ordinaire est celle que tout le monde peut voir chez
les fabricants de Chocolats de Paris; les autres n'en
diffèrent que par des dispositions secondaires, et
cette machine est si connue qu'à peine est-il nécessaire de la décrire. Elle consiste en un bassin à fond
de granit, au centre duquel s'élève un arbre vertical
qui, par l'intermédiaire d'un engrenage, reçoit de la
machine un mouvement assez lent de rotation sur
lui-même. Du pied de l'arbre partent des rayons
servant de pivots à des masses cylindro-coniques
également en granit, que le mouvement de rotation de l'arbre fait rouler sur la table formant le
fond du bassin. A l'extrémité de chaque rayon est
adapté un couteau d'acier flexible qui s'applique
sur le rebord du bassin et gratte la table de manière à ramener constamment la pâte vers le centre
et sous les rouleaux. Sous la table circule, pendant le travail, de la vapeur d'eau ou de l'air chauffé
à 45° environ.

Par l'action combinée du broyage et d'une température assez élevée pour faire fondre leur principe butyreux, les amandes de Cacao se transforment
bientôt en une pâte onctueuse qui, lorsqu'elle a été
suffisamment malaxée, s'écoule par une rigole dans
un vase à l'aide duquel on la transporte dans la mélangeuse.

Mélange du Cacao avec le sucre et les aromates. — On
appelle *mélangeuse* l'appareil où s'opère le mélange
du Cacao broyé et du sucre, et où commence, par

9

conséquent, la trituration du Chocolat proprement dit. Cet appareil consiste en une grande vasque de fonte, à fond de granit, parcourue circulairement par deux cônes tronqués en granit fixés à un arbre central. On y jette parties égales de sucre en poudre et de pâte de Cacao ; on attelle la courroie de transmission qui met l'arbre en mouvement, et le mélange s'opère dans la vasque, mais seulement jusqu'à un certain degré. En effet, si l'on goûte la pâte de Chocolat au sortir de cet appareil, on écrase encore sous la dent les petits cristaux de sucre. Pour achever la trituration et faire complétement disparaître le grain du sucre, il est nécessaire de faire subir à la pâte l'action d'appareils plus puissants que nous décrivons ci-après.

Lorsqu'on veut préparer du Chocolat aromatisé avec de la vanille ou de la cannelle, c'est aussi dans la mélangeuse qu'il convient d'ajouter ces substances, en même temps que le dernier tiers de sucre. La proportion de vanille est d'une gousse pour 750 grammes de Cacao. Elle doit être préalablement coupée en petits morceaux, écrasée au pilon avec du sucre en fragments, qui la déchire, et réduite ainsi en une pulpe qu'on achève de diviser et de rendre homogène en la broyant de nouveau avec du sucre en poudre. Quant à la cannelle, il est préférable de la râper ; mais cette épice n'entre plus aujourd'hui qu'exceptionnellement dans la fabrication du Chocolat.

Trituration du Chocolat. — Les appareils à l'aide desquels s'exécute la trituration du Chocolat tiré de la mélangeuse sont connus sous le nom de *Machines d'Hermann*. Ce sont de véritables laminoirs formés de cylindres horizontaux en granit, portés sur des montants en fer, et tournant l'un contre l'autre en sens inverse. L'usine de Noisiel possède dix de ces machines, divisées en deux batteries semblables, composées chacune de trois appareils dont la puissance est graduée de telle sorte, que la pâte, encore légèrement croquante au sortir du premier, est tout à fait onctueuse et parfaitement homogène au sortir du troisième. Il ne reste plus alors qu'à la diviser et à la mouler en tablettes ; mais à ce moment l'usine de Noisiel a terminé sa tâche : ne faut-il pas laisser quelque chose à faire à sa sœur de Paris (1)?

Pesage et moulage des tablettes, etc. — La pâte de Chocolat tombe, par la rigole du plateau disposé au-dessous de la dernière paire de cylindres, dans de grandes caisses qui, au fur et à mesure qu'elles se remplissent, sont portées dans une cave. Elle en sort bientôt en gros pains solides et carrés, de 50 kilogrammes, qu'on emballe et qu'on expédie

---

(1) Nous apprenons, au moment de mettre sous presse, que l'usine de Noisiel va être considérablement agrandie, et que toute la fabrication y sera centralisée.

sur Paris. Ici les pains sont extraits de leur enveloppe et placés dans une étuve chauffée à 40° ou 45°.
Lorsqu'ils sont assez ramollis, on les retire et on
les empile sur un plancher. Là ils se soudent plus
ou moins les uns aux autres, et la température se
répand également dans toute la masse, qui prend
une consistance pâteuse uniforme. On puise à ce tas
énorme des portions qui passent successivement à
la *peseuse* ou *mesureuse*.

La peseuse se compose :

Premièrement, d'une trémie verticale où la pâte
est malaxée et foulée par une sorte de vis d'une
forme particulière, mise en mouvement par la machine ;

Deuxièmement, d'une grande table circulaire en
fonte polie, de 3 centimètres d'épaisseur. Près de
la circonférence de cette table sont creusées des
cases rectangulaires, dont le fond est formé par des
plaques glissant à frottement doux de bas en haut
et de haut en bas. Ces plaques sont portées sur autant de pieds à roulettes et à ressort, que la table
entraîne dans le mouvement circulaire qu'elle reçoit
d'une machine à vapeur. Les pieds roulent sur un
plan incliné dont la partie la plus basse se trouve
au-dessous de l'ouverture de la trémie, et dont l'in-
clinaison est telle, que, par l'effet des ressorts dont
les pieds sont munis, chacune des cases rectangulaires, arrivée à ce point, acquiert son maximum

de capacité, calculé pour contenir un poids sensiblement exact de 250 grammes de Chocolat. Puis
la table, conservant toujours sa position horizontale,
et le pied remontant forcément sur le plan incliné,
lorsque la case arrive au point où ce plan est le plus
élevé, la plaque, qui tout à l'heure lui servait de
fond, se trouve au niveau de la table et présente à
découvert la petite masse de pâte. Celle-ci, désignée par les chocolatiers sous le nom de *biscuit*, est
poussée par une came à ressort sur une autre table
circulaire tangente à la première et tournant en sens
contraire. Le pied s'abaisse alors successivement en
parcourant la demi-circonférence, et arrive sous la
trémie, où la case reçoit une nouvelle quantité de
pâte, et ainsi de suite. Les biscuits, au fur et à mesure que la came les pousse sur le disque destiné à
les recevoir, sont enlevés et placés dans les moules.
Ces moules sont en fer-blanc. On les dispose en
quatre rangées de huit chacune, sur des tables dites
claquettes, destinées à opérer le tassement des biscuits dans les moules. Ce tassement s'obtient par
une série de secousses rapides, ou, pour mieux dire,
par une vive trépidation que communique à la cla-
quette un petit rochet recevant son mouvement de
la machine. On provoque ou l'on arrête à volonté ce
mouvement à l'aide d'une manivelle, qui fait passer
la courroie de transmission, d'une poulie folle où
elle tourne à vide, sur une poulie fixée à l'arbre du
rochet, et *vice versa*.

Le nombre des claquettes fonctionnant dans la fabrique de Chocolat de M. E. Menier, à Paris, est de dix; ce qui permet de mouler 320 tablettes de Chocolat, de 250 grammes chacune, soit 80 kilogrammes à la fois.

Les tablettes, convenablement tassées, sont enlevées dans leurs moules et portées aux *refroidissoirs*. Les refroidissoirs sont de vastes caves où les moules pleins sont rangés sur des tables à claire voie formées par des tuyaux en cuivre continuellement parcourus par un courant d'eau froide. La longueur totale de ces tuyaux est de 2,000 mètres. La température de l'air ambiant se maintient constamment à + 14° centigrades. Néanmoins, la température extérieure ne paraît pas être sans influence sur la solidification du Chocolat. Par un temps un peu froid, la pâte prend une consistance compacte et homogène et une cassure nette, tandis qu'elle reste plus poreuse et que sa cassure est grenue lorsqu'elle a été mise au refroidissoir pendant les grandes chaleurs de l'été. Il est vrai que cette influence peut être attribuée à l'état électrique de l'atmosphère aussi bien qu'à sa température. En effet, le Chocolat, probablement à cause de la grande quantité de sucre qu'il contient et de la série de broyages énergiques qu'il subit, est toujours plus ou moins chargé d'électricité lorsqu'il sort des appareils, et il n'est pas déraisonnable d'admettre que cette électricité, modifiée de manière ou d'autre par celle de l'air, exerce sur sa constitution moléculaire une action qui varie selon le temps, et que nous ne nous chargeons ni d'expliquer ni de définir. Quoi qu'il en soit, on a constaté que c'est en hiver, par les temps secs et froids, que le Chocolat se montre le plus chargé d'électricité.

M. Delcher, dans ses *Recherches sur le Cacao*, publiées en 1837, raconte qu'étant curieux de vérifier par lui-même les propriétés électriques de cette composition, il eut recours à M. Menier père, qui le mit à même de faire à ce sujet toutes les expériences qu'il désirerait. Il ajoute que ses recherches furent sans résultat.

« Un des ouvriers chocolatiers de M. Menier, » dit-il, qui était avec nous dans la cave obscure où » se faisait l'expérience, nous avait assuré à l'avance » que nous ne réussirions pas, parce que le temps » était trop chaud et trop humide pour cela. Lui » ayant demandé quels motifs pouvaient l'engager à » penser ainsi, il nous a répondu : « que l'année du » grand hiver (1829), un jour que le temps était » très-sec et froid, il fut très-surpris, ainsi qu'un » de ses camarades, de voir sortir des étincelles des » tablettes de Chocolat qu'on retirait du moule. Le » Chocolat, en se détachant, disait-il, faisait entendre un son net, éclatant comme si on cassait un » morceau de marbre. Je me rappelle d'autant plus » ces faits, a-t-il ajouté, que mon camarade me dit :

» Tiens, tiens, dis donc, il sort du feu du Cho-
» colat! Excusez! il a raison, car il fait diablement
» froid! J'avais remarqué quelquefois cette chose
» singulière, mais c'est toujours dans les temps
» très-froids. »

Les chocolatiers s'accordent en général à considérer le printemps et l'automne comme les saisons
les plus favorables pour obtenir des produits de
bonne qualité, parce qu'alors la température n'est
ni trop basse ni trop élevée. Il est vrai que pendant ces deux saisons l'atmosphère est souvent humide, ce qui est un autre inconvénient, moindre
toutefois qu'un froid trop vif ou une trop grande
chaleur.

Lorsque les tablettes de Chocolat sont parfaitement solidifiées et durcies, il ne reste plus qu'à les
détacher du moule et à les envelopper, comme
chacun sait, d'abord d'une feuille d'étain, dite papier d'argent, puis d'une première feuille de papier, et enfin d'une seconde plus ou moins ornée,
dont la couleur indique ordinairement la qualité du
Chocolat. Cette enveloppe est maintenue avec une
bande sur laquelle sont imprimés le nom et l'adresse
du fabricant, et collée avec de la cire à cacheter.
Chaque paquet contient une tablette et pèse
250 grammes.

L'usine de M. Menier produit par jour 16,000 tablettes, soit 4,000 kilogrammes de Chocolat, ce qui
porte la production annuelle à 1,200,000 kilogram-

mes (1). La vente était, en moyenne, de 24,000 kilogrammes par semaine avant le dégrèvement. Elle
s'est élevée, depuis l'abaissement des prix, elle a
dépassé 30,000 kilogrammes.

La presque totalité du produit consiste en Chocolat ordinaire, à 2 fr. le 1/2 kilogramme. La fabrication des Chocolats supérieurs, à 3 fr. et au-
dessus, ne s'élève pas, chez M. Menier, à plus de
25,000 kilogrammes par an.

Le prix moyen normal du Chocolat, en France,
est actuellement de 4 fr. le kilogramme pour le consommateur. On en fabrique aussi à 6, 8 et 10 fr. le
kilogramme, où l'on fait entrer non-seulement des
matières premières (Cacao et sucre) de qualité supérieure, mais des aromates exquis, et qu'on enveloppe avec un soin et un luxe dont il faut bien aussi
tenir compte au fabricant. Ces prix n'ont, après
tout, rien d'exorbitant, et l'on a d'autant moins lieu
de s'en plaindre, qu'on peut également se procurer,
au prix de 2 fr. le 1/2 kilogramme, du Chocolat
moins fin, moins parfumé et moins bien habillé,
mais parfaitement salubre, d'un goût excellent, et
exempt de tout mélange suspect.

Au-dessous de cette limite, il ne faut pas s'attendre à trouver du Chocolat de bonne qualité. Les
pertes résultant du triage et de la torréfaction des

_____

(1) Ce chiffre représente à peu près 1/7 de la production totale
de la France.

9.

fèves de Cacao, et les frais de main-d'œuvre, ne laisseraient plus aucun bénéfice au fabricant. Cependant on trouve dans le commerce du Chocolat dont le prix descend jusqu'à 2 fr. 50 et 2 fr. le kilogramme.

La nécessité de satisfaire aux demandes de la consommation et d'employer les résidus du triage des Cacaos de premier type a donné naissance à ces espèces communes, dont une grande partie du public se contente, et qui permettent d'écouler, outre les résidus dont nous venons de parler, les Cacaos inférieurs de Bahia, des Antilles, de la Guyane, etc., et surtout les Cacaos avariés par l'eau de mer, que la douane fait vendre aux enchères avec une réduction de droits. Cet état de choses a donc sa raison d'être dans le désir naturel des classes pauvres de participer à la jouissance des aliments de luxe, et dans l'avantage que trouvent les fabricants à satisfaire ce désir. Il semble pourtant devoir se modifier par suite de la réforme qui vient de réduire à un taux plus modéré les droits qui frappent le Cacao à son entrée en France.

On sait qu'en dehors de son emploi si général comme aliment proprement dit, le Chocolat offre une précieuse ressource aux confiseurs, qui le font entrer dans la confection d'une foule de bonbons et de friandises : dragées, pastillages, pralines, etc., et lui donnent même, par le moulage, les formes les plus variées de personnages, d'animaux, de petits meubles ou ustensiles, et même de monuments. Nous ne croyons pas devoir nous arrêter à cette industrie secondaire, dont l'histoire nous entraînerait dans de menus détails étrangers à l'objet plus sérieux que nous nous sommes proposé en écrivant ce livre.

XII

CHOCOLATS MÉDICINAUX ET HYGIÉNIQUES. — SUPÉRIO-
RITÉ DU CHOCOLAT NORMAL. — VALEUR NUTRITIVE
DU CHOCOLAT AU LAIT.

Nous n'avons pas à revenir ici sur les propriétés
réelles ou supposées du Cacao, et sur l'action que
quelques médecins ont attribuée au Chocolat, considéré par eux non plus comme un produit alimentaire salubre, nourrissant et d'une saveur agréable,
mais comme un véritable médicament. A peine
avons-nous besoin de répéter que ce dernier rôle
ne convient nullement au Chocolat proprement dit,
et qu'il est infiniment préférable de lui réserver le
premier. Le bon sens et le *bon goût* du public en ont
jugé ainsi, et nous devons avouer que, cette fois,
le *consensus omnium* a sainement jugé.

Les fabricants et les consommateurs éclairés sont
aussi à peu près unanimes sur ce point, que le Chocolat le plus vraiment hygiénique est le Chocolat
normal, fabriqué comme nous venons de le dire au
chapitre précédent, et composé simplement de bon
Cacao et de sucre raffiné.

La vanille, qu'on ajoute dans les Chocolats *extra-*

fins, leur communique sans contredit un arome très-suave et qui se marie fort bien avec celui du Cacao; mais ces Chocolats ne sont réellement propres qu'à la préparation des bonbons, des crèmes et des autres friandises qu'on goûte avec plaisir de temps en temps, bonnes pour régaler aux jours de fête les dames et les enfants, mais dont on se lasserait vite s'il fallait en manger tous les jours. On n'a cependant pas laissé d'attribuer aussi à la vanille des vertus médicinales, et de recommander, comme particulièrement salutaire, l'usage du Chocolat qui contient cet aromate. On l'a même conseillé contre la mélancolie et l'hypocondrie.

« Quoiqu'on ne mâche pas habituellement la va-
» nille, dit Alibert dans sa *Pharmacopée*, il n'est pas
» moins vrai que les substances alimentaires dans
» lesquelles elle entre comme condiment sont très-
» propres à exciter l'action de la salive. La mélan-
» colie et l'hypocondrie sont souvent caractérisées
» par une atonie des voies digestives; c'est alors que
» ce précieux aromate paraît convenir. » La déduc-
tion n'est pas assurément bien rigoureuse, et l'on ne voit guère comment la vanille, agissant sur les glandes salivaires, corrige l'atonie du système digestif, ni comment elle guérit l'hypocondrie, dont cette atonie est *souvent un caractère*. Mais l'ancienne médecine se montrait fort commode à cet égard; elle prenait volontiers les symptômes d'un mal pour le mal lui-même, et pourvu qu'une substance fût

réputée, à tort ou à raison, propre à faire disparaître quelqu'un de ces symptômes, elle n'hésitait pas à la déclarer capable de guérir toutes les affections que ce symptôme accompagne ou peut accompagner.

Un autre aromate, ou plutôt un parfum qui, incorporé au Chocolat, passait jadis pour lui communiquer des vertus merveilleuses, c'est l'ambre gris.

Cette substance, sur l'origine de laquelle les savants n'ont encore pu se mettre d'accord, est douée d'une odeur très-agréable et très-pénétrante; elle est d'ailleurs très-rare, d'un prix très-élevé, et, même en la payant cher, il est difficile de s'en procurer dont la pureté soit incontestable. C'est, comme le musc et le castoréum, un de ces médicaments auxquels les médecins d'autrefois avaient recours dans les grandes circonstances, et qui inspiraient à eux et à leurs malades une confiance d'autant plus grande que leur prix était plus exorbitant. Aujourd'hui encore ce préjugé subsiste dans beaucoup de pays, et l'ambre gris a conservé son prestige médical. En France, où l'on est plus sceptique et où l'on aime assez à dépenser son argent ailleurs que chez l'apothicaire, on ne l'emploie plus guère que dans la parfumerie, et le Chocolat ambré ne figure plus que pour mémoire dans les catalogues pharmaceutiques, bien qu'il ait trouvé dans l'élégant et spirituel auteur de la *Physiologie du goût* un prôneur enthousiaste et, on peut le croire, convaincu.

« Les personnes qui font usage du Chocolat, dit

» Brillat-Savarin, jouissent d'une santé plus con-
» stamment égale, et sont moins sujettes à une
» foule de petits maux qui nuisent au bonheur de la
» vie ; leur embonpoint est aussi plus stationnaire :
» ce sont deux avantages que chacun peut vérifier
» dans sa société, et parmi les personnes dont le ré-
» gime est connu.

   » C'est ici le vrai lieu de parler des propriétés du
» Chocolat à l'ambre, propriétés que j'ai vérifiées
» par un grand nombre d'expériences, et dont je
» suis tout fier d'offrir le résultat à mes lecteurs.
» Or donc, que tout homme qui aura bu quelques
» traits de trop à la coupe de la volupté ; que tout
» homme qui aura passé à travailler une partie no-
» table du temps qu'on doit employer à dormir ; que
» tout homme d'esprit qui se sentira temporaire-
» ment devenu bête ; que tout homme qui trouvera
» le temps long, l'air humide et l'atmosphère diffi-
» cile à porter ; que tout homme tourmenté d'une
» idée fixe qui lui ôtera la liberté de penser ; que
» tous ceux-là, disons-nous, s'administrent un bon
» demi-litre de Chocolat ambré, à raison de 60 à
» 75 grains d'ambre par demi-kilogramme, et ils
» verront merveilles. Dans ma manière particulière
» de spécifier les choses, je nomme le Chocolat à
» l'ambre *Chocolat des affligés*, parce que, dans cha-
» cun des divers états que j'ai désignés, on éprouve
» je ne sais quel sentiment qui leur est commun et
» qui ressemble à l'affliction. »

Plusieurs fabricants, droguistes et pharmaciens, préparent des Chocolats dits hygiéniques, contenant une certaine proportion de matières telles que la farine de froment, le salep, le sagou, l'arrow-root, le tapioka, et qu'ils vantent comme singulièrement nutritifs, stomachiques et fortifiants. Mais ne serait-il pas plus simple de vendre aux consommateurs du Chocolat ordinaire ou du Cacao broyé, et de laisser aux médecins le soin de prescrire aux malades, lorsqu'ils le jugeraient convenable, l'usage de bouillies où l'on ferait entrer, avec ce Chocolat ou ce Cacao, une quantité convenable de telle ou telle des substances que nous venons d'énumérer?...

En résumé, et pour parler sans ambages, tous ces Chocolats soi-disant hygiéniques ne sont, comme les racahout, nafé, palamoud, et autres compositions analogues, que des déguisements sous lesquels on trouve moyen, la réclame aidant, de vendre fort cher au public ce qu'il pourrait se procurer à bon marché dans tous les magasins bien assortis d'épiceries et de comestibles; et, nous le répétons, le véritable Chocolat hygiénique, c'est le Chocolat normal. Il est nourrissant; il flatte également le goût et l'odorat, et le consommateur peut, selon sa fantaisie ou ses besoins, le croquer en tablettes, le prendre à l'eau ou au lait, l'associer au pain sec ou beurré, à la farine, au sagou, au gluten, au tapioka, etc.

En Espagne et en Italie, ainsi qu'en Amérique,

on prend presque exclusivement le Chocolat à l'eau. En France, en Angleterre, et, en général, dans les pays septentrionaux, on le fait fondre et bouillir dans du lait ou de la crème, et l'on obtient ainsi l'aliment liquide le plus substantiel que nous sachions.

Qu'il nous soit permis, avant d'établir par des chiffres la valeur nutritive de cette préparation, de rappeler quelques notions de chimie physiologique qui, par elles-mêmes, ne sont pas sans intérêt.

On peut diviser les aliments en deux grandes classes, savoir : les aliments azotés et les aliments non azotés. Les premiers sont essentiellement propres à la formation et à la réparation du sang, de la chair, et, en général, des liquides et des tissus de l'économie animale ; on pourrait les appeler les *matières premières* dont la Nature se sert pour créer et développer nos organes. Aussi les appelle-t-on aliments *plastiques* (du verbe grec πλάσσειν, qui signifie *former, façonner, pétrir*). Telles sont premièrement les viandes et les autres substances animales : les œufs, le lait, le fromage, riches en principes azotés, c'est-à-dire en osmazome, en fibrine, en albumine. Telles sont aussi quelques substances végétales, notamment la farine de froment, qui contient une forte portion de *gluten*, les champignons, qui suffisent à nourrir pendant tout le carême une partie du peuple russe, et que les carnivores eux-mêmes dévorent quand la disette de chair les oblige, eux aussi, à faire maigre.

Les aliments non azotés sont à peu près exclusivement composés de carbone, d'hydrogène et d'oxygène, et leur rôle principal paraît être d'entretenir la chaleur et la vie par leur combinaison avec l'oxygène de l'air dans les organes respiratoires. On pourrait donc les appeler *aliments combustibles*. Tels sont les graisses et les huiles, tant animales que végétales, les gommes, la gélatine, le sucre, les fécules, les alcools. On sait combien les peuples hyperboréens, dont l'organisme doit réagir sans cesse et puissamment contre le froid extérieur, sont avides de ce genre d'aliment. Le goût des hommes du Nord pour les boissons spiritueuses et pour les graisses de toute espèce, ce goût qui provoque notre étonnement et notre répugnance, s'explique par une loi physiologique. Les Écossais, les Hollandais, les Finlandais peuvent boire dans leur journée, sans en être incommodés, une pinte de genièvre, de whisky ou d'eau-de-vie de grain ; les Esquimaux avalent une tasse d'huile de poisson comme nous un bol de lait ou de bouillon, et les soldats russes, venus en France en 1814, pillaient les boutiques des épiciers pour se régaler de lard et de suif de chandelle. Tous ces faits, qui nous semblent des anomalies, sont des conséquences de la même loi, du même besoin de *chauffage interne*.

On comprend d'après cela que, pour les habitants des climats tempérés, où les fonctions vitales se font sensiblement équilibre, la meilleure préparation alimentaire est celle qui contient à la fois, et dans les plus justes proportions, tous les principes propres à réparer les pertes de matière plastique et à entretenir la respiration.

On admet généralement que le bouillon de bœuf, tel qu'on le prépare dans les ménages, est, de tous les aliments liquides, celui qui offre le plus complet assemblage de principes plastiques et combustibles. Or, il résulte d'analyses exactes faites par des chimistes et des physiologistes dont le nom fait autorité, qu'un litre de bouillon de bœuf contient, en moyenne, 28 grammes de matières dissoutes, dont 10 grammes de sel marin, 6 grammes de fécule et de sucre abandonnés par les légumes, et 12 grammes de matières azotées rendues par la viande, plus 5 ou 6 grammes de graisse tenue en suspension; et que le même volume de Chocolat au lait, préparé par la méthode ordinaire, ne renferme pas moins de 188 grammes de principes alimentaires, savoir : 75 grammes de matières sucrées, animales ou végétales, 62 grammes de matières grasses, 45 grammes de matière azotée, 6 grammes de sels et d'autres matières solubles.

Un litre de Chocolat au lait renferme donc quatre fois plus de substances alimentaires plastiques ou combustibles qu'un litre de bouillon de bœuf. Il est vrai que ce n'est pas au Chocolat, mais bien au lait qu'appartient la plus grande partie de ces substances; mais une foule de gens qui ne voudraient pas

prendre une tasse de lait pour leur déjeuner prennent tous les jours une tasse de Chocolat au lait. Le
second est rendu à la fois plus substantiel et plus
agréable par le premier, et les deux forment ensemble un breuvage qui le dispute en popularité et
l'emporte de beaucoup en valeur nutritive sur le
café au lait, aliment liquide très-agréable, mais qui
n'a jamais engraissé personne.

XIII

FALSIFICATIONS DU CACAO ET DU CHOCOLAT.

On a beaucoup parlé et même beaucoup écrit sur les falsifications des marchandises en général, et des substances alimentaires en particulier. Des chimistes éminents, MM. Jules Garnier, Payen et A. Chevallier (pour ne citer que les auteurs contemporains), ont publié sur ce sujet de très-savants ouvrages ; M. Alph. Karr et M. Jobard, de Bruxelles, ont distillé sur les fraudeurs et leurs coupables manœuvres l'encre la plus mordante de leur plume spirituelle et redoutable. Nous-même, enfin, ne nous défendons point d'être l'auteur de l'article *Falsifications* dans le *Dictionnaire universel du commerce et de la navigation*, d'avoir signalé les principales sophistications qui se pratiquent sur les marchandises dont nous avons fait l'histoire dans ce Dictionnaire, et même d'avoir insisté avec quelque énergie sur l'insuffisance de la loi, qui semble plutôt tolérer les falsifications, sous la condition d'une petite redevance à payer par le falsificateur, que les réprimer et les flétrir.

Qu'il soit nécessaire de signaler à la prudence des acheteurs, à la réprobation des fabricants et des commerçants honnêtes et à la sévérité des magistrats, des délits qui souvent sont des crimes, qui corrompent la moralité des transactions, déshonorent le commerce et attentent à la propriété, à la santé, quelquefois même à la vie des consommateurs,—cela ne saurait être contesté.

On a cependant fait, contre l'utilité des ouvrages relatifs aux falsifications, deux objections assez sérieuses. « Ces livres, a-t-on dit d'abord, écrits assurément dans le seul but de fournir aux experts et aux acheteurs les moyens de reconnaître les fraudes dont les marchandises sont ou peuvent être l'objet, sont achetés et lus par les fripons aussi bien que par les honnêtes gens, et deviennent pour les premiers des manuels où ils apprennent l'art de sophistiquer leurs produits, tout comme une cuisinière apprend dans un livre de cuisine à préparer ses ragoûts. Ils font donc plus de mal qu'ils n'en peuvent empêcher. »

On a dit en second lieu : « Ces livres où tant de fraudes sont décrites en détail, où tant d'exemples sont accumulés, où tant de coupables sont cloués au pilori; ces articles de journaux, ces brochures où l'on tonne contre les falsificateurs, où l'on crie si haut au mensonge, au vol, à l'assassinat, ne se répandent pas seulement en France, mais aussi au dehors, où ils produisent le plus déplorable effet en décriant notre industrie et notre commerce, en jetant partout la défiance et en persuadant aux étran-

gers qu'il n'y a en France que des falsificateurs, que
tous nos produits sont frelatés et dénaturés, que
nos comptoirs sont des cavernes de larrons et nos
fabriques des laboratoires d'empoisonneurs. »

A quoi, — tout en reconnaissant qu'il y a quelque
chose de vrai dans ces objections, et que des auteurs
pessimistes ont peut-être exagéré le mal dans leur
zèle à le combattre, — nous répondrons ce que nous
avons répondu ailleurs :

« Notre opinion est que des écrits qui dévoilent
des manœuvres coupables sont toujours bons et utiles
en eux-mêmes, et que si les traités des falsifications
n'ont pas produit le bien qu'on en devait attendre,
c'est que le public ne les a pas pris en assez sérieuse
considération. Faut-il déclarer la chimie immorale
parce que des scélérats lui empruntent des moyens
de se défaire de leurs parents, et que des gens de
mauvaise foi y trouvent des procédés pour tromper
le consommateur?... La publicité, comme la science,
peut, suivant l'usage qu'on en fait, engendrer ou
beaucoup de bien ou beaucoup de mal; mais, comme
la science aussi, elle est à elle-même son propre cor-
rectif. D'où il suit que les honnêtes gens doivent
user à propos de l'une et de l'autre, et que s'ils en
laissent le bénéfice aux fripons, ils n'ont droit de
s'en prendre ni à la publicité, ni à la science, ni
même aux fripons, mais à eux-mêmes qui négligent
à la fois leur intérêt et leur devoir. »

En ce qui concerne le Cacao et le Chocolat, les

fraudes, très-communes autrefois, lorsque chaque
épicier fabriquait chez lui le Chocolat qu'il vendait
à ses pratiques, sont, nous le croyons, beaucoup
plus rares depuis que ce produit est devenu la
base d'une grande industrie dont les principaux
représentants, gens honorables et intelligents, sont,
par l'importance même de leurs affaires, au-dessus
du misérable bénéfice qu'ils pourraient réaliser en
se livrant à des manipulations condamnables et en
s'exposant ainsi à voir leur réputation ternie par des
perquisitions, des expertises et des condamnations.
Et il y a lieu de croire qu'aucun fabricant de Chocolat, petit ou grand, ne voudra plus se donner la
peine de falsifier ses produits lorsque, par la diminution et, un jour peut-être, par l'abolition des
droits d'entrée sur le Cacao, cet article aura été
amené à son prix normal. Ce prix sera alors assez
bas pour que le profit de la fraude, réduit à presque rien, ne compense plus le travail des manipulations et le risque des peines judiciaires. —
Voulez-vous que les gens soient honnêtes? Faites
en sorte qu'ils y trouvent leur avantage, ou du moins
qu'ils n'aient point d'intérêt à ne l'être point. —
Ceci est encore, en faveur de la réforme qui vient
d'être faite et que nous voudrions plus large encore,
une considération à ajouter à celles que nous nous
proposons de développer comme couronnement de
notre travail.

Pour le moment, on ne saurait affirmer que le

commerce du Cacao et la fabrication du Chocolat soient partout et toujours exempts de tromperies. Nous dirons donc quelles sont celles qui s'y pratiquent le plus souvent, et comment on peut les reconnaître.

Quelques personnes consomment le Cacao en nature, simplement torréfié et moulu, comme le café, et bouilli dans de l'eau ou dans du lait qu'on sucre à volonté. C'est une manière de faire son Chocolat soi-même et d'être assuré qu'il est exempt de tout mélange. La garantie n'est cependant pas absolue. En effet, quelques marchands vendent le Cacao tout broyé, sous prétexte d'éviter au consommateur la peine de le moudre, mais en réalité afin d'y pouvoir ajouter des substances étrangères. Quelquefois aussi on livre pour Cacaos frais des Cacaos concassés ou moulus dont on a extrait le beurre. En 1850, M. A. Chevallier eut à examiner une poudre vendue sous le nom de *Cacao impalpable*, et qui n'était qu'un mélange de Cacao *privé de beurre* et de farine de maïs.

Il paraît qu'à Londres la fraude et le charlatanisme sont mis en œuvre sur une large échelle pour vendre, sous des formes séduisantes, sous des noms pompeux et à des prix élevés, des Cacaos de fort mauvais aloi que le public accepte et paye naïvement comme des produits superfins et perfectionnés.

« En France, dit M. Payen (1), on consomme

_____

(1) *Des substances alimentaires*, chap. xiv.

10

» rarement le Cacao pulvérisé ou aggloméré en tro-
» chisques. En Angleterre, on en vend beaucoup
» sous ces formes et sous les désignations suivantes :
» *granulated* ou granulé, *flake* ou en flocons, *rock* ou
» en roche, *soluble* ou soluble, *dietetic* ou diététique,
» *homœopathic* ou homœopathique, en ajoutant à
» chacun d'eux quelque autre adjectif comme *per-*
» *fectionné* ou *de première qualité*, ou *de qualité supé-*
» *rieure*, ou *naturel* ou *très-pur*, ou *extra-soluble*. Sur
» soixante-dix échantillons portant ces désignations
» variées, la commission sanitaire de Londres en
» a trouvé trente-neuf qui étaient colorés par de
» l'ocre rouge. Cette falsification, généralement peu
» dangereuse, mais qui ne saurait être permise, est
» facile à découvrir ; il suffit d'incinérer complète-
» ment un échantillon. Le Cacao naturel donne des
» cendres d'un blanc grisâtre, tandis que les autres
» donnent des cendres de couleur rougeâtre ; on
» peut constater la proportion en comparant le poids
» des cendres.

    » Le plus grand nombre (48 sur 56) des mêmes
» Cacaos essayés contenaient de la fécule de pomme
» de terre, de canna gigantea ou de maranta arun-
» dinacea, ou de la farine. Il a été facile de décou-
» vrir cette fraude ; car, sous le microscope, les
» fécules étrangères au Cacao sont en grains ayant
» des formes caractéristiques ; on les voit, d'ailleurs,
» hors des cellules du tissu de l'amande du Cacao ;
» et elles ont des dimensions linéaires de quatre à

» douze fois plus grandes. Les proportions des fé-
» cules ou des farines ajoutées se sont trouvées de
» cinq à cinquante pour cent.

» Ces mélanges, dit-on, sont utiles pour donner
» au Cacao la propriété d'*épaissir* lorsqu'on le soumet
» à la coction dans l'eau ou le lait. Cela est possible ;
» mais, pour leur enlever le caractère de fraude, il
» conviendrait de vendre ces préparations en indi-
» quant les substances qu'elles contiennent ; autre-
» ment, on laissera toujours croire que le principal
» but des mélanges a été d'augmenter le poids à
» l'aide d'un produit moins cher que le Cacao, et,
» par conséquent, d'augmenter le bénéfice. »

Le plus sûr moyen de n'être pas trompé sur la
valeur du Cacao est, sans contredit, d'acheter les
graines entières, et de les écraser soi-même. Toutefois, on peut aussi vérifier aisément l'intégrité et
la pureté des Cacaos broyés. S'ils ont servi à l'extraction du beurre, ils sont secs et pulvérulents au
toucher, à moins qu'on n'y ait ajouté quelque autre
matière grasse, ce qui se reconnaîtrait, soit à l'aide
de l'éther, qui dissout entièrement à froid le beurre
de Cacao, et ne dissout pas ou ne dissout qu'imparfaitement les graisses animales, soit par les autres
moyens que nous avons indiqués plus haut pour reconnaître les falsifications du beurre de Cacao. La
présence de la farine de céréale ou d'une fécule serait décelée par l'eau iodée, qui communique à
l'amidon et aux fécules une coloration bleue intense

et persistante, et ne donne, avec celle du Cacao, qu'une faible coloration violette très-fugace.

Le Chocolat est sujet à des falsifications plus fréquentes et plus diverses, qui s'exercent principalement sur les Chocolats à bon marché, vendus sans marque et sans nom de fabricant. En premier lieu, on ne fait entrer dans ces Chocolats que des Cacaos inférieurs ou avariés et du sucre non raffiné (*cassonade*), ou même, le plus souvent, de la *vergeoise*, qui n'est autre chose que le résidu des raffineries. De plus, il est rare qu'on n'y ajoute pas une proportion plus ou moins considérable de matières étrangères, dont plusieurs ne sont rien moins que nutritives.

Les substances qui servent le plus ordinairement à sophistiquer le Chocolat sont : l'amidon ou la fécule de pommes de terre, les farines de blé, de riz, de maïs, de lentilles, de pois, de haricots, de fèves ; les cosses de Cacao pulvérisées, les huiles comestibles et le suif de veau ou de mouton. Quelquefois, mais plus rarement, on y met des jaunes d'œufs, du storax calamite, du benjoin, des baumes de Tolu et du Pérou, des amandes grillées, des gommes, de la dextrine, et même, dit-on, de la sciure de bois, du carbonate de chaux, des argiles ocreuses, etc. La falsification par les matières grasses accompagne presque toujours, comme nous l'avons dit plus haut, l'emploi, dans la fabrication du Chocolat, de Cacaos privés de leur beurre, et elle a pour but de remplacer celui-ci. Lorsque le Chocolat contient de la farine ou de la fécule, il communique au lait ou à l'eau, par l'ébullition, la consistance épaisse qui est propre à la bouillie et à l'empois.

Les graisses et les huiles se décèlent d'ordinaire par une saveur et une odeur rances; mais pour constater positivement leur présence, le mieux est de recourir au traitement par l'éther, d'évaporer ensuite ce dissolvant et d'examiner le résidu gras obtenu. On sait que les huiles comestibles sont liquides à la température ordinaire, et quant aux graisses, leur nature est indiquée par leur point de fusion, comme il est dit plus haut.

Les gommes et la dextrine rendent la décoction de Chocolat épaisse, visqueuse et collante.

Les coques de Cacao et les substances terreuses se déposent au fond du vase, où l'on peut les recueillir pour déterminer leur nature à l'aide des réactifs chimiques.

Le storax, le benjoin et les autres baumes ne s'emploient que pour remplacer la vanille dans les Chocolats qui sont censés préparés avec cet aromate. Cette falsification est décelée par l'odeur balsamique que le Chocolat ainsi falsifié répand en brûlant, et qui, même pour les odorats peu exercés, diffère sensiblement de celle de la vanille.

Mais, de toutes les falsifications, la plus commune et en même temps la moins saisissable est celle qui consiste à fabriquer le Chocolat avec des Cacaos avariés ou de rebut. Il est vrai qu'on n'obtient ainsi

10.

qu'un fort mauvais produit; mais on le vend, soit aux gens du peuple, soit plutôt aux *gargotiers* et soi-disant crémiers, chez lesquels les ouvriers vont prendre du café et du Chocolat à 10, 15 et 20 centimes le bol.

Quelques falsificateurs ont allégué pour leur défense que la fécule, la farine, la gomme, qu'ils introduisent dans le Chocolat, ne sont point des substances malfaisantes, et que, par conséquent, ce mélange ne constitue pas un délit. A ce compte, le marchand de vins qui vend de l'*abondance* au lieu de vin pur ne serait pas non plus coupable. Il l'est pourtant, non parce qu'il empoisonne ses pratiques, mais parce qu'il les trompe. La seule excuse des fabricants et vendeurs de produits sophistiqués ou de mauvaise qualité est dans l'exigence et la niaiserie de la plupart des acheteurs. Il faut bien l'avouer : si le public est si souvent et si grossièrement trompé sur la qualité et la quantité des marchandises, c'est en grande partie à lui-même qu'il doit s'en prendre. Il veut du bon marché *quand même*, et lorsqu'on lui en donne, il ne songe pas à se demander *combien il le paye*. Qui est-ce, par exemple, qui, en achetant chez l'épicier le paquet représentant une livre ou une demi-livre de Chocolat non garanti par la signature du fabricant, s'avise de le faire peser sous ses yeux? — Aussi ne s'est-on pas fait faute de fabriquer des tablettes de demi-livre qui ne pesaient en réalité que 225 ou 200 grammes.

Sans doute la loi est infiniment trop douce à
l'endroit des fraudes commerciales, et les peines
qu'elle porte sont vraiment illusoires. Mais le public
pourrait suppléer à cette insuffisance, en attendant
qu'elle soit corrigée par le législateur, en exerçant
lui-même un contrôle exact sur la nature et la quantité des marchandises qu'il achète. On ne trompe
aisément, après tout, que les gens qui veulent bien
être trompés.

XIV

COMMERCE DU CACAO ET DU CHOCOLAT EN FRANCE
AVANT LA RÉVOLUTION.

L'histoire commerciale du Cacao et du Chocolat sous l'ancienne monarchie se trouve constamment liée à celle du café, du thé et presque toujours aussi à celle d'une préparation désignée sous le nom de *sorbet*, et qui a, depuis longues années, disparu du commerce.

En ces temps bénis, où tout dépendait du bon plaisir royal, rien ne se faisait que par privilége. Toute industrie comme toute marchandise étant avant tout la chose du roi, le droit de vendre ou d'exploiter ne pouvait être que délégué, affermé par lui à ses sujets, et ceux-ci n'en retiraient de bénéfice qu'après avoir prélevé sur le produit la part du monarque, — qui était la part du lion.

Lorsqu'une denrée nouvelle était introduite dans le royaume, on en trafiquait librement tant que le débit était trop peu considérable pour que le profit valût la peine d'être réclamé par le fisc; mais les arrivages venaient-ils à s'accroître, et la denrée à s'écouler à de bons prix sur les marchés, aussitôt le

fisc dressait l'oreille , étendait sa griffe, et imposait
sa loi de monopole.

Ce fut ce qui arriva au Cacao, au café, au thé.
Jusque vers la fin du dix-septième siècle, ils avaient
passé inaperçus; mais à cette époque le gouvernement reconnut que, leur importation suivant une
marche ascendante et le public les accueillant avec
une faveur de plus en plus marquée, ils étaient appelés à devenir les éléments d'un commerce très-
lucratif. On s'empressa aussitôt de leur appliquer le
principe sur lequel reposait alors essentiellement la
législation commerciale.

L'époque précise du premier édit relatif au commerce de ces substances ne nous est pas exactement
connue. La pièce la plus ancienne où il soit fait
mention d'une décision prise à cet égard par le roi
de France est une simple lettre, ou plutôt une
apostille adressée au chancelier Séguier par M. de
Brienne, en faveur d'un sieur Challiou, lequel avait,
grâce à la protection du comte de Soissons, obtenu
de Louis XIV « la permission de faire et vendre pri-
vativement la composition dite Chocolat ». Le billet
dont nous parlons est daté du 5 juin 1660, et
avait seulement pour but de prier le chancelier de
sceller les lettres patentes accordées au sieur Challiou. A quelles conditions, dans quelles limites et
pour combien de temps ces lettres conféraient-elles
à celui-ci le privilége de la fabricaton et de la vente
du Chocolat? On l'ignore, et il faut franchir un es-

pace de plus de vingt ans pour trouver des documents explicites et positifs sur la matière qui nous occupe.

Par un édit donné à Versailles au mois de janvier 1692 et enregistré par le parlement le 26 février suivant (1), Louis XIV, se fondant sur ce que les boissons de café, thé, *sorbet* et Chocolat étaient devenues si communes dans toutes les provinces du royaume, que les droits des aides en souffraient une diminution considérable; ne voulant pas néanmoins, disait-il, priver ses sujets de l'usage de ces boissons, *que la plupart jugeaient utiles à la santé,* — et se proposant d'en tirer quelque secours dans l'occurrence de la guerre qu'il soutenait alors, et de se dédommager de la diminution que ses droits des aides en pourraient recevoir à l'avenir,—il déclarait n'avoir pas trouvé de moyen plus convenable et moins à charge à ses sujets que d'accorder à une seule personne la faculté de vendre et débiter le café, le Chocolat, etc., dans toute l'étendue du royaume, comme déjà cela se pratiquait à l'égard du tabac.

D'après le même édit, les ports de Marseille et de Rouen étaient seuls ouverts à l'importation de ces marchandises, à moins que celles-ci ne fissent partie de captures faites sur les navires appartenant à des États ennemis, ou qu'elles ne fussent apportées par des navires de la Compagnie des Indes; ou enfin

---

(1) Voir aux pièces justificatives (n° 1) le texte de cet édit.

qu'elles ne provinssent des îles françaises de l'A-
mérique, auxquels cas elles étaient admises indif-
féremment dans tous les ports du royaume.

En tout cas, elles ne pouvaient être vendues qu'au
fermier désigné par le roi ou à ses représentants.
Si les vendeurs ne parvenaient pas à s'entendre sur
le prix avec ce fermier, ils n'avaient d'autre ressource que d'exporter leur marchandise.

Quant au fermier lui-même, il ne pouvait vendre
ni faire vendre le café en grains plus de quatre francs
la livre, poids de marc ; le thé de première qualité,
plus de cent francs la livre ; le Chocolat, plus de
six francs ; le Cacao, plus de quatre francs ; la vanille,
plus de dix-huit francs le paquet de cinquante brins.
Les individus munis d'une permission du fermier
avaient seuls le droit de débiter au détail les boissons faites avec le café, le thé, le Cacao, etc., et le
prix *maximum* de chacune était également fixé :
ainsi la *prise* de Chocolat ne pouvait coûter au consommateur plus de huit sous. Des peines sévères,
tant corporelles que pécuniaires, sans préjudice de
la confiscation, étaient portées contre tout infrac-
teur de l'édit royal, ainsi que contre les vendeurs
et débitants convaincus d'avoir falsifié le Cacao, le
Chocolat, le café, etc., en nature ou en boisson.
Par application de l'édit que nous venons d'analyser,
un arrêt du conseil d'État, en date du 22 janvier 1692, attribua pour six années le droit ex-
clusif de vendre le Cacao, Chocolat, café, etc., à

un certain François Damame ou Dumaine, bourgeois de Paris (1).

Mais dès le mois de mai de l'année suivante (1693) parut un nouvel édit qui révoquait le privilége accordé au sieur Dumaine, laissait à tous les épiciers et négociants du royaume la liberté d'acheter et de vendre à leurs risques, périls et fortune le Cacao, le Chocolat, le thé, etc., désignait les ports affectés à l'entrée de ces marchandises, établissait enfin sur ces dernières des droits d'importation. Le Cacao destiné à la consommation intérieure payait, « outre les anciens droits », 15 sols par livre, poids de marc, et ne pouvait être introduit, comme précédemment, que par les ports de Marseille et de Rouen ; mais les Cacaos destinés à être réexportés étaient reçus en entrepôt dans les ports de Dunkerque, Dieppe, Rouen, Saint-Malo, Nantes, la Rochelle, Bordeaux et Bayonne, sans payer d'autres droits que les droits locaux et seigneuriaux, à la condition d'être déclarés, à l'instant de leur arrivée, aux commis des cinq grosses fermes, et déposés dans un magasin choisi pour cet effet, et de n'être enlevés qu'en présence du commis, lequel en délivrait un acquit-à-caution, sur la déclaration et soumission des marchands, de rap-

----

(1) Voy. aux pièces justificatives (n° 2) le texte de cet arrêt. Voy. aussi, pièce n° 3, le procès-verbal de la visite faite chez les débitants de Chocolat, café, etc., le 25 janvier 1692, et un procès-verbal de contravention à l'édit royal sur la vente du Cacao, pièce n° 4.

porter certificat de la décharge desdites marchandises dans les lieux de destination, à peine de confiscation et de 1500 livres d'amende (1).

Cet édit, en supprimant le monopole, eut pour effet immédiat de donner une forte impulsion au commerce intérieur, surtout au petit commerce de détail, qui s'empara aussitôt des nouveaux produits et se mit en mesure de satisfaire le goût déjà très-prononcé du public pour des breuvages d'une saveur douce et d'un parfum agréable, contrastant heureusement avec les boissons alcooliques, dont il avait été jusqu'alors obligé de se contenter.

Par une coïncidence favorable, une ordonnance royale du mois de mars de la même année autorisait la formation de la communauté des limonadiers, sans limiter le nombre des individus qui pourraient y être admis. Les établissements où le public trouvait à toute heure du café, du thé, du Chocolat, des sorbets tout préparés, se multiplièrent en peu de temps, principalement à Paris, où les habitudes de gourmandise et de sensualité ont toujours trouvé un terrain propice pour s'enraciner et se développer. Le gouvernement se repentit alors de sa trop grande libéralité, si bien qu'en 1704 un arrêt supprima tout net les corporations des limonadiers, marchands d'eau-de-vie et autres liqueurs, établis tant à Paris que dans les provinces, enjoignit à tous ces com-

_____

(1) Voy. pièce n° 5.

merçants de fermer leurs boutiques, et créa une
nouvelle communauté composée, pour la ville de
Paris, de cent cinquante individus seulement, munis de priviléges héréditaires. Pour les autres villes
principales du royaume, le nombre des priviléges
devait être fixé d'après les rôles arrêtés en conseil
royal. Il va sans dire que les priviléges dont il s'a-
git ne se donnaient point, mais se vendaient bel et
bien, l'objet avoué de l'ordonnance étant, comme
toujours, d'accroître les revenus du fisc (1).

L'édit du 12 mai 1693 laissait subsister l'exception stipulée par celui de janvier 1692, en faveur des
Cacaos pris sur les navires ennemis, ou apportés par
la Compagnie des Indes, ou provenant des colonies
françaises d'Amérique, sans préjudice des droits
locaux et de ceux de 3 p. 100 à percevoir par le
fermier du domaine d'Occident (Indes occidentales).

Mais en 1711, une contestation étant survenue
entre les adjudicataires des Cacaos provenant des
prises amenées à Nantes par les vaisseaux *le Jupiter,
la Mutine* et *la Fidèle*, d'une part, et les commis aux
fermes d'autre part; ceux-ci réclamant un droit que
ceux-là prétendaient ne point payer, le conseil
d'État rendit, le 11 novembre, un arrêt portant que
les Cacaos provenant de prises faites sur les navires
de nations en guerre avec la France, et déclarés
pour être consommés dans le royaume, étaient su-

---

(1) Voy. pièce n° 6.

jets au droit de 15 sols par livre établi par l'arrêt du
12 mai 1693, outre les droits locaux qui seraient
acquittés à l'ordinaire (1).

Des différends de ce genre avaient lieu assez fréquemment entre les importateurs ou les adjudicataires de Cacaos et d'autres denrées exotiques et les
représentants du fisc. Le conseil d'État ne manquait
guère de donner gain de cause à ces derniers, et
saisissait ces occasions de combler les lacunes, de
corriger ou d'effacer autant que possible les contra-
dictions qui embrouillaient fort la législation commerciale, composée de tarifs, d'édits et de règlements superposés, pour ainsi dire, les uns aux
autres, et au milieu desquels il n'était pas aisé de
se reconnaître.

Nous donnons, aux pièces justificatives (2), un
autre arrêt du conseil d'État, rendu à la requête du
fermier du domaine d'Occident, et enjoignant aux
négociants de la ville de Bordeaux de payer à ce
fermier le droit de 3 p. 100 sur des Cacaos provenant des îles françaises de l'Amérique et entreposés
à Bordeaux, bien que, pendant plusieurs années, les
fermiers ses prédécesseurs ne l'eussent point réclamé. Ce document nous apprend que le droit local
et seigneurial réclamé par le fermier du domaine
d'Occident frappait indistinctement toutes les dro-

(1) Voy. pièce nº 7.
(2) Voy. pièce nº 8.

gues originaires des îles ; que ce n'était point un
droit d'entrepôt payable seulement pour les marchandises apportées en France soit pour être vendues
et consommées à l'intérieur, soit pour être exportées et vendues à l'étranger ; mais un droit d'exportation obligatoire dès que les matières taxées étaient
embarquées aux îles, quelle que fût d'ailleurs leur
destination. « Cela est si vray, disait le requérant,
» que, quand il arrive que, nonobstant les règle-
» ments qui défendent que les marchandises des îles
» soient portées ailleurs qu'en France, il est de né-
» cessité, dans les cas extraordinaires, de permettre
» qu'il en soit porté directement des îles à l'étran-
» ger, le droit de 3 p. 100 est payé dès la sortie
» des îles. »

Quant aux droits d'importation, ils subirent quelques réductions temporaires, motivées soit par les
réclamations des négociants, soit par l'insuffisance
des récoltes de Cacao dans certaines années. Ainsi
les lettres patentes du mois d'avril 1717 réduisirent
à 10 livres le cent pesant les droits sur le Cacao des
îles et des colonies françaises. Un arrêt du conseil
d'État, du 18 octobre 1729, réduisit, pour trois années, le droit sur les Cacaos caraques à 4 sols par
livre, payables à toutes les entrées du royaume,
même lorsque le Cacao était apporté sur des vaisseaux de retour des îles et colonies françaises (1).

(1) Voy. pièce nº 9.

Mais cette mesure ne tarda pas à être révoquée
(arrêt du 20 décembre 1729) (1), « Sa Majesté jugeant à propos, par des considérations particulières »,
de rétablir les droits sur le Cacao tels qu'ils avaient
été fixés par l'édit de 1693.

« Veut en outre Sa Majesté, ajoutait le même
arrêt, fort laconique et complétement muet sur les
motifs de la nouvelle décision royale, qu'il en soit
usé pour le Cacao venant des îles et des colonies
d'Amérique, conformément aux lettres patentes du
mois d'avril 1717, tant pour les droits que pour l'entrepôt. »

Finalement, l'édit de mai 1693 demeura en vigueur jusqu'en 1790. L'Assemblée constituante,
abolissant tous les droits locaux et seigneuriaux,
institua, par son décret du 5 novembre, le tarif uniforme des douanes, qui ouvrit au commerce extérieur, ainsi qu'à l'industrie intérieure de la France,
une ère nouvelle de liberté, d'activité, de fécondité, et dont les dispositions, souvent modifiées selon les circonstances créées par la nécessité politique, et selon l'esprit plus ou moins progressif des
gouvernements qui se sont succédé depuis l'origine
de la Révolution, sont néanmoins restées toujours
empreintes de l'esprit libéral qui avait présidé à leur
institution.

Il faut avouer néanmoins que le Cacao est une des

_____

(1) Voy. pièce n° 10.

marchandises qui ont profité les dernières de l'application des principes posés par la Révolution. Il est toujours resté soumis à des droits relativement élevés, et c'est d'hier seulement que date l'inauguration d'un régime mieux en harmonie avec les tendances de notre temps, et qui adoucit, à l'égard des objets de grande consommation, les exigences, jusque-là si lourdes, du trésor public.

Mais n'anticipons point : c'est au chapitre suivant que nous allons examiner, avec l'attention qu'elle mérite, la situation faite à cet intéressant produit par notre législation douanière actuelle.

XV

LÉGISLATION ACTUELLE SUR LE CACAO. — NOUVEAU
TARIF. — NÉCESSITÉ D'UNE RÉFORME PLUS LARGE.
— IMPORTANCE COMMERCIALE ET INDUSTRIELLE DU
CHOCOLAT. — SON INFLUENCE SUR LES MOEURS. —
CONCLUSION.

Le tarif établi par la loi du 2 juillet 1836 et par
celles des 26 avril et 12 juin 1856, et que vient de
modifier celle du 24 mai 1860, fixait ainsi qu'il suit
les droits d'entrée sur le Cacao :

	les 100 kilogr.	
Cacao des colonies françaises. . . .	40 fr.	
— des pays à l'ouest du cap Horn.	50 »	par navires français.
	et 75 »	par nav. étr. et p. terre
— d'ailleurs, hors d'Europe. . .	55 »	par navires français.
	et 75 »	par nav. étr. et par t.
— des entrepôts.	65 »	par navires français.
	et 75 »	par nav. étr. et par t.

Ces droits étaient exorbitants ; ils pouvaient se
ramener, pour les Cacaos des diverses provenances,
à une moyenne de 66 fr. par 100 kilogrammes , —
soit 66 centimes par kilogramme ; mais, à raison du
déchet qu'il éprouve dans la fabrication, le Cacao
n'était livré au consommateur qu'après avoir payé

à l'Etat un droit de **77** centimes par kilogramme.
Depuis longtemps l'industrie, le commerce, la
presse faisaient entendre des plaintes contre ce
régime, qui, sans profit pour personne, — pas même
pour l'Etat, — paralysait le travail et les transactions à l'intérieur et la navigation au dehors, et
atteignait plus ou moins profondément les intérêts
les plus légitimes. L'école libre-échangiste l'atta-
quait d'ailleurs avec énergie, sans que ses adversaires
trouvassent pour le défendre une seule raison plausible. L'année 1859 surtout vit s'élever un imposant
concert de réclamations. Des feuilles commerciales
accréditées, des économistes sérieux s'attachèrent à
faire ressortir les vices flagrants, les anomalies cho-
quantes, les conséquences funestes d'un système
d'impôts dont la seule raison d'être se trouvait dans
un intérêt fiscal mal entendu. Des pétitions furent
adressées au ministre, au Sénat, au conseil d'Etat,
par un grand nombre d'industriels et de négociants
de nos principaux centres manufacturiers et de nos
grands ports de commerce.

L'opinion publique, en un mot, se manifesta par
ses organes les plus recommandables, en faveur
d'une réforme qui, loin de compromettre l'existence
des industries nationales, leur fournit les moyens de
se développer et de se perfectionner, en leur permettant de se procurer à des prix modérés les matières premières dont elles s'alimentent; — qui ouvrit aux échanges une carrière plus libre et plus

vaste, et, en laissant arriver sur nos marchés les denrées que nous ne produisons pas ou que nous ne produisons qu'à des conditions onéreuses et dans une proportion insuffisante, fît prendre au mouvement ascensionnel du bien-être des masses le caractère de durée et de continuité soutenue qui lui avait manqué jusque-là. Ce mouvement coïncidait avec l'agitation libérale qui, de l'autre côté de la Manche, allait chaque jour grandissant, et dont les meneurs avaient pris place non-seulement dans la Chambre des communes, mais jusque dans le ministère. Le temps était enfin venu où les idées nouvelles, élucidées par la discussion, acceptées par le public, et conformes aux vues d'amélioration hautement annoncées par le chef du gouvernement français, allaient passer du domaine spéculatif dans le domaine des faits.

Au mois de janvier 1860 parut la lettre adressée par l'empereur au ministre d'Etat, et contenant l'exposé d'un vaste plan de réformes économiques (1). Cette lettre fut accueillie par la plupart des économistes, des producteurs et des commerçants, ainsi que par la majorité de la population, comme un heureux événement. L'empereur reconnaissait la nécessité de modifier profondément le système des douanes, de supprimer les prohibitions, de fixer, par des traités, les conditions d'échange entre les peuples,

_____

(1) Voy. aux pièces justificatives, n° 11, le texte de cette lettre.

11.

d'imprimer un grand essor aux diverses branches de
la richesse nationale, d'abaisser enfin graduellement
*les impôts sur les denrées de grande consommation et sur
les matières premières indispensables à l'industrie.* Il si-
gnalait, au nombre des réformes à opérer sans plus
de retard, l'abolition des droits sur les laines et
les cotons et le dégrèvement successif des sucres et
des cafés.

On remarqua avec étonnement, avec quelque
inquiétude même, que la lettre impériale ne faisait
point mention du Cacao, qui pourtant, comme denrée de grande consommation, comme matière première nécessaire à l'industrie, et de plus comme
substance alimentaire, méritait au moins autant que
le sucre et le café d'être compris dans le cadre des
réductions annoncées. Heureusement cette omission
n'était qu'accidentelle, et bientôt le projet de loi
présenté par le conseil d'État à la sanction du Corps
législatif (20 mars 1860) et adopté par celui-ci le
24 mai suivant, vint rassurer à cet égard les importateurs de Cacao, les fabricants de Chocolat et les
nombreux consommateurs de ce produit.

La loi du 24 mai réduit environ de moitié les
droits d'entrée sur les sucres, les cafés et les Cacaos,
et accorde en outre une prime à l'exportation des
sucres raffinés.

Voici quelles sont, en ce qui concerne les Cacaos,
les dispositions du nouveau tarif:

Fèves et pellicules de Cacao	par navires français	des colonies françaises. .	20 fr.	
		d'ailleurs, hors d'Europe.	25 "	
		des entrepôts.	35 "	
	par navires étrangers.		40 "	

La moyenne est donc de 30 fr. par 100 kilogrammes, ou 30 centimes par kilogramme, soit, en
tenant compte du déchet résultant du triage et des
pertes, 38 centimes seulement (au lieu de 77) de
droits effectifs payés à l'État pour chaque kilogramme
de Cacao qui sort de chez le fabricant pour entrer
dans la consommation. La réduction, certes, est considérable, et nul doute que l'on n'en ressente pro-
chainement les bienfaits. Quelques personnes, peu
accoutumées à observer les phénomènes économiques
et à s'en rendre compte, se sont effrayées en voyant
que la nouvelle loi avait eu pour effet immédiat une
hausse assez forte des Cacaos. Ainsi les Cacaos de
Para, qui, avec l'ancien droit, étaient cotés, au mois
de janvier 1860, 206 fr. les 100 kilogrammes acquittés au Havre, se sont élevés, depuis l'établissement du droit nouveau, à 243 fr., — en hausse de
37 fr. Mais ce n'est là qu'une anomalie passagère
due aux oscillations qu'éprouvent toujours les marchés dans les circonstances semblables. En effet,
lorsque la valeur vénale d'une denrée vient à baisser
tout à coup dans une proportion notable, les demandes affluent aussitôt de manière à dépasser le
chiffre des marchandises disponibles, et les vendeurs
sont amenés à hausser leurs prix et à les tenir

fermes jusqu'à ce que, par une nouvelle réaction, les marchandises, appelées par la hausse même, arrivant en abondance sur les marchés, l'équilibre se rétablit et les prix reprennent leur cours normal. C'est ce qui ne peut manquer de se réaliser bientôt pour les Cacaos. Et les fabricants de Chocolats en sont tellement convaincus, que ceux d'entre eux qui, au moment de la réforme, se trouvaient en possession d'un approvisionnement de quelques mois, acquis antérieurement à de bonnes conditions, n'ont pas hésité à réduire leurs prix par anticipation. On doit leur savoir gré de cette initiative, qui montre à la fois, de la part de ces honorables industriels, une sage entente de leurs vrais intérêts et un désir sincère de faire profiter le public d'un dégrèvement dont on pouvait craindre qu'ils ne cherchassent à garder pour eux tout le bénéfice. « Nous sommes » persuadés, dit avec raison l'un d'eux, dans une » circulaire adressée aux acheteurs, que les élé- » ments de prospérité d'une grande industrie ne » consistent pas dans l'art de profiter de l'occasion » pour accroître ses gains, mais dans la loyauté » consciencieuse des rapports avec le consomma- » teur, qui surtout doit bénéficier des sacrifices » faits par l'Etat pour répandre l'aisance et le bien- » être. »

Les sacrifices dont il est ici question ne sont d'ailleurs que temporaires, et il y a tout lieu de croire qu'ils seront avant peu compensés par l'accroissement de recettes qu'amènera l'accroissement de l'importation.

C'est ici, en effet, le lieu de rappeler un principe généralement admis en théorie, et que la pratique semble avoir suffisamment démontré, à savoir, que, si la suppression pure et simple d'une contribution indirecte est toujours une perte sèche pour le trésor, son abaissement dans une proportion convenable se traduit souvent, au contraire, par un bénéfice réel et quelquefois considérable. Quelques économistes, — et des plus sérieux, — ont même érigé ce principe en une règle générale qui, selon eux, ne souffre que fort peu d'exceptions.

« C'est déjà, dit M. Joseph Garnier (1), une vé-
» rité ancienne en économie politique, mais encore
» nouvelle pour le fisc, que l'*impôt le plus modéré*
» *et le mieux assis produit plus que celui dont l'assiette*
» *est vicieuse et le taux élevé.* »

« L'expérience prouve tous les jours davantage que
» l'impôt comprime la consommation en raison
» progressivement directe de l'élévation de son taux,
» et que tout abaissement, en laissant prendre plus
» d'essor à la consommation, augmente le revenu du
» fisc, au point que la réunion d'une infinité de pe-
» tits droits fait une somme double, triple, qua-
» druple, etc., de celle qui provenait des impôts
» élevés. Déjà des financiers habiles ont employé ce

---

(1) *Éléments de finances*, etc., p. 28 et 29.

» procédé de dégrèvement pour augmenter les re-
» cettes du trésor public. Nous n'en voulons pour
» preuve que les résultats d'Huskisson, il y a plus
» de trente ans, et ceux qu'a obtenus la réforme de
» sir Robert Peel sous nos yeux.

» Lorsque les sucres payaient, en entrant en An-
» gleterre, 1 shelling en venant des colonies, 1 shel-
» ling 6 deniers en venant des pays étrangers, on
» n'en consommait (de 1820 à 1824) que 7 à 8 mil-
» lions de livres, et le fisc ne touchait que 3 à
» 400 mille livres sterling; en 1825, les droits
» ayant été abaissés, sur la proposition de Hus-
» kisson, à 6 deniers pour les sucres des colonies,
» à 9 deniers pour les sucres étrangers, la con-
» sommation tripla en quelques années, et le re-
» venu du trésor doubla, comme on peut le voir par
» les chiffres suivants :

CONSOMMATION.		REVENU DU FISC.	
1824 — 8,2 millions de liv. poids.		420,000 livres sterl.	
1825 — 11,0	—	315,000	—
1828 — 17,1	—	440,000	—
1830 — 22,6	—	579,000	—
1840 — 28,7	—	922,000	—

» Dans l'espace de quatre ans, de 1842 à 1846,
» Robert Peel a successivement effectué des réduc-
» tions de taxes et de droits pour 7 millions et demi
» de livres sterling (188 millions de francs), et
» néanmoins il pouvait annoncer avec fierté à ses
» électeurs de Tamworth que le revenu ordinaire

» de l'année (finissant au 5 juillet 1847) avait con-
» sidérablement excédé le revenu ordinaire (dérivé
» des mêmes sources) de l'année financière qui avait
» précédé son entrée au pouvoir. »

M. Jos. Garnier donne encore plusieurs exemples
des effets lucratifs d'un dégrèvement bien entendu
des taxes portant sur les denrées de consommation
ordinaire. Nous lui emprunterons seulement les deux
suivants :

« En 1775, Turgot réduisit *de moitié* le droit d'en-
» trée et de halle sur la marée qui se débitait à
» Paris, *et la recette resta la même.*

» En 1778, le gouvernement espagnol adopta un
» tarif plus libéral pour les produits de ses colonies
» (notamment pour les Cacaos), et, en treize ans,
» le revenu brut des provinces du Mexique seules
» s'était accru de 560 millions de francs. »

Citons enfin les paroles prononcées par Huskisson
au Parlement anglais, le 25 mars 1825 :

« *Les gouvernements du continent*, disait cet homme
d'État, *ne voient pas combien est savante et commode la
politique qui augmente le revenu publi- par la réduction
des taxes, et combien ils auraient à gagner s'ils laissaient
aux peuples plus de latitude pour commercer avec leurs
voisins.* »

S'il est une marchandise dont la consommation
doive infailliblement s'accroître par suite d'une diminution des droits de douane, et en raison progressive de cette diminution, c'est assurément le Cacao,

puisque déjà l'importation et la consommation ont augmenté d'année en année, malgré le taux élevé des droits, ainsi qu'on en pourra juger par les chiffres extraits du *Tableau officiel du commerce de la France*, que nous faisons figurer parmi les pièces justificatives (1) à la fin de ce volume.

Il y a plus, et il ne faut pas un long examen des conséquences certaines d'une telle réforme pour être frappé des avantages qui en résulteront pour la richesse de l'État, pour la prospérité de notre commerce et pour le bien-être du peuple.

A tout seigneur tout honneur : Parlons d'abord de l'État.

Les importations de Cacao se sont élevées successivement, depuis dix ans, de 3,132,771 kilogr., rapportant au fisc 1,196,857 fr., à 5,806,214 kilogr., qui ont rendu 2,562,620 fr. C'est-à-dire que le revenu produit par cette denrée a plus que doublé. Or, d'après le principe énoncé par M. Jos. Garnier, et démontré par des expériences décisives, il n'est pas douteux que, les droits étant réduits de moitié, l'importation ne double en peu de temps — peut-être en un an ou deux, et qu'elle ne continue ensuite de s'accroître indéfiniment, d'où il suivrait qu'avant l'expiration d'une nouvelle période décennale l'État aurait été déjà amplement rémunéré du

---

(1) Pièce n° 12. Nous donnons aussi, pièce n° 13, le relevé des exportations.

sacrifice momentané d'une faible partie de son revenu sur le Cacao seul.

Mais ce n'est là qu'une moitié du bénéfice. L'importation du Cacao augmentant, la consommation qui s'en fait sous forme de Chocolat augmentera dans la même proportion. Or le Chocolat se fait avec du sucre; l'importation du sucre s'accroîtra donc parallèlement à celle du Cacao, et, avec elle, une autre portion du revenu public. Il y aura ainsi double profit pour l'État, et l'on doit convenir que jamais acte de générosité n'aura été aussi lucratif : chacun y gagnera, l'État tout le premier, et ce sera lui peut-être qui y gagnera le plus.

N'oublions pas, d'ailleurs, que, si les anciens droits entravaient l'importation ostensible du Cacao, ils encourageaient, en revanche, l'introduction clandestine du Chocolat, et offraient aux contrebandiers une source de lucre assez considérable pour leur faire affronter sans hésitation les risques de leur déplorable métier. Le commerce clandestin du Chocolat et du Cacao se pratique activement sur la frontière espagnole, malgré la surveillance de la douane, que les adroits et hardis contrebandiers des Pyrénées savent bien mettre en défaut, et que souvent ils bravent ouvertement.

En Espagne, où les Cacaos ne payent à l'entrée que 11 fr. 74 c. par 100 kilogr., et les sucres 4 fr. 70 c. à 18 fr. 78 c., selon les provenances, l'importation des Cacaos s'élève annuellement à une valeur de plus de 10 millions de francs, dont une bonne partie nous arrive frauduleusement à travers les gorges des montagnes.

« Par toutes nos frontières, en effet, disait » M. T. N. Bénard dans un des excellents articles » publiés naguère dans le *Journal du Havre* (1) sur » le sujet qui nous occupe, le Chocolat, loin de sor- » tir pour l'étranger, doit nous entrer en franchise » forcée.

» Malheureusement, les fabricants n'ont pas la » possibilité, dont jouit le gouvernement dans la » question des tabacs, de diminuer leurs prix de vente » dans les départements frontières, pour contre-ba- » lancer l'influence désastreuse de la contrebande.

» Nous n'avons et ne pouvons avoir aucun chiffre » positif sur ce côté de la question, mais nous » avons tout lieu de croire que, sur une profondeur » de plusieurs kilomètres tout à l'entour de notre » territoire, les ventes de nos fabriques sont com- » plétement nulles, et les approvisionnements se » font en dehors de la ligne des douanes. On ne » donne pas impunément une prime de 75 c. par » kilogramme pour passer un volume aussi petit » qu'un kilogramme de Chocolat. »

Le même écrivain insistait énergiquement, et avec raison selon nous, sur la nécessité de mettre notre tarif de douanes en rapport avec celui de nos voi-

---

(1) Numéros des 2, 4 et 7 avril 1859.

sins, afin d'arrêter le contre-courant contrebandier
qui s'établit fatalement à côté du courant commercial
normal partout où l'inégalité des droits de douane
et, par suite, des prix de vente entre nos produits
et les produits similaires des pays limitrophes, établit
en faveur de ces derniers un avantage équivalant à
une véritable prime accordée à la contrebande.

Dans tous les pays qui nous entourent : en Angleterre, en Suisse, en Espagne, etc., les droits
d'entrée sur les Cacaos étaient et sont encore inférieurs aux nôtres; le Chocolat est, par conséquent,
livré à des prix beaucoup plus bas. Il est donc tout
naturel que la contrebande s'en empare et le ré-
pande partout où elle peut, au grand préjudice des
intérêts du trésor et de ceux de notre industrie.

Donc pour se défendre lui-même et protéger
efficacement le commerce honnête et légal contre le
fléau de la contrebande; pour s'assurer la perception
de la totalité des droits à prélever sur les importations de Cacao et de Chocolat et imprimer à ces
importations une marche indéfiniment ascension-
nelle qui augmente d'année en année ses revenus,
l'État a bien fait de dégréver les Cacaos; il fera
bien de les dégréver encore.

Nous disons, en outre, que le dégrèvement est un
bienfait pour notre industrie et notre commerce; et
en énonçant une proposition aussi évidente par
elle-même, nous n'avons point la prétention de la
démontrer. Nous voulons seulement indiquer les

conséquences les plus prochaines et les plus importantes que doit amener la diminution des droits sur le Cacao. Et d'abord l'affluence sur notre marché d'un produit tel que le Cacao, dont l'écoulement ne peut manquer de s'effectuer presque instantanément au fur et à mesure des arrivages, et qui a sur le café, auquel nous l'avons comparé, l'avantage d'être non-seulement une denrée alimentaire, mais encore une matière première de fabrication, aura pour effet certain et immédiat de multiplier les transactions sur tous les degrés de l'échelle commerciale.

Le prix des Cacaos s'abaissera et leur débit s'accroîtra en raison de leur plus grande abondance. Les chocolatiers seront obligés d'étendre leurs opérations, d'augmenter leur matériel mécanique, d'occuper un plus grand nombre d'employés et d'ouvriers; et comme, en pareil cas, les effets ne tardent jamais à réagir sur les causes qui les ont produits; comme le développement d'une branche quelconque de commerce et d'industrie influe toujours sur le mouvement général des affaires et se communique de proche en proche à tout l'organisme social, nul doute que d'une part l'activité agricole de nos colonies, d'autre part les branches de la production et du commerce intérieurs qui se rattachent directement ou indirectement à la fabrication du Chocolat n'éprouvent en peu de temps un accroissement considérable.

L'avantage sera plus immédiat et plus grand encore pour notre commerce extérieur et pour notre
marine marchande. Les navires qui exportent aux
Antilles, dans l'Amérique centrale et dans l'Amérique méridionale, les produits si recherchés de l'industrie française, manquent souvent de fret pour le
retour, et sont obligés quelquefois, pour ne pas revenir sur lest, d'accepter, faute de mieux, des marchandises d'un écoulement douteux ou d'une vente
difficile. Les Cacaos constituant pour eux, presque
à toutes les époques de l'année, une ressource toujours assurée, nos échanges avec le nouveau Monde
en recevront une impulsion qu'aucune crainte de
mécompte ne viendra ralentir. Nos armateurs seront
alors plus entreprenants; une plus grande activité
régnera sur les chantiers de construction et dans les
ports de commerce. Le personnel de la marine au
long cours, où se recrutent les marins de l'État, sera
plus nombreux, plus aguerri aux manœuvres et aux
périls des grandes traversées, et la France verra
se fortifier d'autant sa puissance maritime.

Ces prévisions, qu'on veuille bien le remarquer,
n'ont rien d'hyperbolique. Déjà, dans l'état actuel
des choses, une foule de navires sont employés au
transport du Cacao, et la presque totalité de cette
denrée arrive dans nos ports sous pavillon français.
En 1857, sur 5,304,207 kilogr. importés, 5,132,989
sont venus par navires français; en 1856, sur
6,226,000 kilogr., notre pavillon en revendiquait

5,140,857. Que l'importation vienne à doubler, le nombre des navires, selon toute probabilité, aura doublé aussi, et l'exportation des marchandises françaises, dont ces navires se chargent au départ, aura éprouvé la même augmentation. Parmi ces marchandises il faut citer le Chocolat, qui se fabrique mieux en France que dans aucun autre pays, et auquel son prix élevé ferme seul maintenant l'accès des marchés étrangers.

Et à ce propos, nous nous permettrons de signaler dans la loi du 24 mai 1860, dont le but hautement avoué est de favoriser à l'extérieur ainsi qu'à l'intérieur notre industrie et notre commerce, une lacune qu'il nous semblerait opportun de combler. Cette loi accorde une prime à l'exportation des sucres raffinés en France, et nous n'y trouvons point à redire. Mais puisque le sucre brut, le sucre matière première, après avoir payé l'entrée, jouit, lorsqu'il est réexporté après avoir subi le raffinage, non-seulement d'une immunité complète, mais encore d'une prime destinée à encourager la raffinerie nationale, pourquoi le Cacao ne procurerait-il pas au fabricant de Chocolat le même avantage? pourquoi ne lui accorde-t-on pas au moins le *draw-back*, sans lequel le droit d'entrée n'est plus seulement un impôt sur la consommation, mais un impôt sur la fabrication, c'est-à-dire tout le contraire d'un encouragement? Est-ce donc qu'au lieu de mériter, comme la raffinerie, l'appui du gouvernement, la chocolaterie ait encouru

des mesures restrictives? Ne point rembourser au
fabricant le droit acquitté à l'entrée du Cacao, lorsque cette matière première est présentée à la sortie
sous forme de produit manufacturé, cela équivaut à
frapper ce dernier d'un droit d'exportation d'autant
plus fort, que le sucre aussi, en entrant dans la
composition du Chocolat, est privé du bénéfice de la
prime (1).

Le chocolatier paye donc le droit d'entrée sur le
Chocolat et sur le sucre; et il ne peut espérer, lorsqu'il réexporte l'une et l'autre de ces marchandises, aucune indemnité. Dans cette situation oné-
reuse faite à une industrie qui, placée dans les conditions qu'indique la simple équité, trouverait au
dehors de larges débouchés et contribuerait pour sa
bonne part à la prospérité commerciale du pays,
nous ne pouvons voir qu'un *desideratum* de la loi du
24 mai, une de ces omissions qui échappent au législateur dans les combinaisons les mieux étudiées, et
qu'aussi le législateur s'empresse de réparer dès que
l'expérience et la discussion les lui ont fait aper-
cevoir.

Aussi bien, la loi du 24 mai n'est sans doute
qu'une œuvre de transition. L'empereur a promis
le dégrèvement successif des sucres et des cafés;
l'événement a prouvé que cette promesse s'appliquait

---

(1) Le Chocolat et le Cacao ne payent légalement, à la sortie,
qu'un simple droit de balance.

aussi implicitement aux Cacaos. Il ne se peut guère
que, de dégrèvement en dégrèvement, on n'arrive,
dans un avenir peu éloigné, à la suppression intégrale
des droits d'entrée. Cela est logique, et pour qui
veut examiner les choses à fond, il est difficile de
n'être pas conduit à cette conclusion.

Si l'on demande, en effet, pourquoi des droits —
même peu élevés — sur l'importation du Cacao seraient maintenus, la première raison qui s'offre à
l'esprit, c'est que l'État a besoin d'argent : — raison
judicieuse et au-dessus de toute discussion, mais
qui n'explique pas pourquoi l'État, ayant besoin
d'argent, en prend là plutôt qu'ailleurs, ni si le
bien-être général, la prospérité de nos colonies, de
notre commerce et de notre industrie, toutes choses
qui ne laissent pas, lorsque leur situation est sa-
tisfaisante, d'augmenter notablement les ressources
du trésor public, ne s'accommoderaient pas mieux
d'une immunité complète accordée au Cacao.

Et pourtant, la raison que nous venons d'énoncer
est la seule un peu plausible qu'on puisse alléguer,
à moins que l'on n'y ajoute celle-ci : que, le Cacao ayant été autrefois un aliment de luxe, et les
aliments ainsi que tous les autres objets de luxe
étant, d'après un ancien principe d'économie politique, ceux que les gouvernements favorables au
peuple doivent imposer de préférence, il n'est pas
étonnant que les législateurs n'aient pas hésité —
autrefois — à le frapper d'un droit un peu fort.

Ce second motif, — le principe sur lequel il s'appuie étant admis par hypothèse, — justifie sans doute pleinement les hommes d'État qui naguère ont légiféré sur le Cacao, et dont les bonnes intentions ne sauraient être, de notre part, l'objet d'aucun doute; mais le temps modifie bien des choses, et singulièrement les idées politiques et économiques, les habitudes, les usages, les besoins des peuples, l'importance relative des objets de commerce et de consommation, en un mot tout ce qui sert de base à la rédaction des lois, — lesquelles, par suite, sont elles-mêmes abolies ou modifiées, ou remplacées par d'autres, assez fréquemment, chez les nations modernes. La législation douanière concernant le Cacao pouvait donc être, il y a un certain nombre d'années, excellente, c'est-à-dire conforme aux idées, aux habitudes et aux besoins d'alors; mais il reste à savoir s'il en est encore de même à présent. C'est ce que nous examinerons tout à l'heure.

Bref, les raisons que l'on peut alléguer en faveur des droits d'entrée sur le Cacao se réduisent à deux de valeur douteuse. En revanche, si d'autre part on en cherche qui militent en faveur de la suppression de ce droit, elles surgissent en foule dans l'esprit de quiconque est tant soit peu au fait de l'état des choses et accoutumé à réfléchir sur de pareilles matières.

Nous ne toucherons point aux problèmes de *haute économique* que soulève toute discussion du genre de

12

celle-ci. Sans doute, à propos des droits sur le Cacao, on pourrait se livrer à un long plaidoyer en faveur du libre échange; mais à Dieu ne plaise que nous commettions un tel oubli du sage avis que nous donne Boileau :

> Qui ne sut se borner ne sut jamais écrire!

De ce qu'une marchandise est réputée objet de luxe, résulte-t-il qu'elle soit plus imposable qu'une autre? — C'est encore là une question qui ne saurait être traitée isolément, car elle n'est qu'une des faces d'un des plus graves et des plus vastes problèmes financiers qui aient jamais été agités par les économistes et les hommes d'État : celui de l'assiette de l'impôt. Nous la supposons donc résolue affirmativement : nous admettons, si l'on veut, l'excellence du système des contributions indirectes, de celui des douanes et de la protection. Mais, même en nous plaçant à ce point de vue éminemment conservateur, nous cherchons vainement, encore une fois, ce qu'on peut alléguer de sérieux en faveur du maintien des droits sur le Cacao.

Ces droits n'ont évidemment pour but ni pour effet de protéger contre la concurrence extérieure aucune de nos industries nationales. Le Cacao n'a point de similaire en France, pas plus qu'en aucun autre pays de l'Europe, et l'on ne saurait, à cet égard, le comparer au sucre de canne, autre produit exotique qui trouve ici, dans le sucre de betteraves, un rival avec lequel on s'est efforcé jusqu'ici de le maintenir autant que possible en équilibre, et que même on a favorisé de préférence, dans le but de développer une culture et une industrie qui occupent un nombre immense d'ouvriers et de machines, et fournissent à la consommation intérieure un article de première importance, — nous allions dire de première nécessité.

En revanche, nous avons démontré que l'industrie, le commerce intérieur, la marine marchande et, par suite, la marine impériale, ne pouvaient que gagner à la réduction des droits sur le Cacao, et nos arguments peuvent être invoqués *a fortiori* en faveur de leur suppression.

Si, dans la série des considérations qui militent en faveur du dégrèvement, nous avons placé en dernier lieu l'intérêt des consommateurs, ce n'est point, tant s'en faut, que cet intérêt soit à nos yeux de moindre importance que celui de l'État, ou que celui des producteurs et des intermédiaires. Les consommateurs, lorsqu'il s'agit d'un produit tel que le Cacao, ne forment pas un groupe privilégié dont il soit permis de négliger les goûts ou les fantaisies, et dont il soit indifférent, au point de vue économique, que le superflu se dépense de telle façon ou de telle autre. Que l'essence de roses, le musc et l'ambre, les porcelaines du Japon, les châles de l'Inde, soient frappés de droits d'entrée équivalant à une prohibition, on y peut trouver à redire et plaider le dégrèvement, l'affranchissement même de ces précieuses denrées, en s'appuyant sur des raisons excellentes; mais le libre échangiste le plus déterminé, le plus sensible philanthrope, ne songeraient guère à faire intervenir dans la défense d'une pareille thèse l'intérêt du consommateur, ses besoins légitimes, et la nécessité de ne point lui vendre à un prix trop élevé des objets dont la privation porterait à son bien-être une atteinte réelle.

C'est que l'essence de roses, le musc, l'ambre et les cachemires sont incontestablement et au premier chef des marchandises de luxe, dont la consommation et l'usage sont réservés à un petit nombre de personnes qui pourraient fort bien s'en passer. Le producteur et l'intermédiaire qui réalisent sur la vente de tels produits des bénéfices énormes, les gouvernements qui les frappent d'impôts considérables, quiconque en un mot exploite à son profit la sensualité ou la vanité d'un petit nombre d'acheteurs opulents est, au point de vue philanthropique, exempt de tout reproche.

Mais le Cacao ne saurait être désormais, en aucune façon, réputé marchandise de luxe. Ce n'est point une *gourmandise :* ses propriétés hygiéniques et nutritives sont incontestables et incontestées, et parce qu'il est doué d'un arome et d'une saveur qui flattent l'odorat et le palais, ce n'est nullement une raison de ne point le ranger parmi les substances

alimentaires proprement dites. Il rentre, sans contredit, dans la catégorie des *denrées de grande consommation* dont l'Empereur proclame le dégrèvement
successif une *nécessité*, une *conséquence naturelle* des
autres mesures *propres à imprimer un grand essor aux
diverses branches de la richesse nationale*. Sa culture,
son transport, sa préparation, fournissent de l'occu-
pation et un salaire à une multitude de travailleurs,
et sa consommation doit être respectée et encouragée par tous les gouvernements sages, non-seulement parce qu'elle est physiquement bienfaisante,
mais, nous ne craignons pas de le dire, parce
qu'elle est MORALEMENT salutaire.

Le café, dont on a dit avec raison beaucoup de
bien, ne laisse pas de prêter assez largement le
flanc à la critique, tant au point de vue de son action physiologique qu'au point de vue de son influence sur les mœurs publiques. On en peut abuser
et mésuser. Son infusion est une boisson excitante,
qui ne réussit pas à tout le monde, et peut, lorsqu'on
en fait usage avec excès, déterminer de graves accidents, altérer sérieusement la santé, troubler même
les facultés intellectuelles. Le café devient d'ailleurs
aisément un prétexte de débauche. On le prend dans
les maisons les plus respectables, mais on le prend
aussi dans les *cafés*, dans les estaminets et dans les
mauvais lieux, avec accompagnement de liqueurs
alcooliques, de fumée de tabac, de propos grossiers,
de jeux illicites, etc.

12.

Il est impossible de rien imputer de semblable au Chocolat. Son usage ne saurait dégénérer en abus, et jamais il ne peut, comme le café, devenir un poison, pas même un poison lent! Et puis, quoi qu'en aient dit certains casuistes, le Chocolat est bien décidément un aliment, non une boisson. Bien plus, c'est par excellence l'aliment des gens sobres, rangés et paisibles. On ne le sert que sur la table de famille, dans les soirées de bon ton, dans les établissements publics fréquentés soit par les *gens comme il faut*, soit par les ouvriers laborieux. On ne joue point aux cartes, on ne fume pas en prenant le Chocolat, et, après l'avoir pris, on ne boit point d'eau-de-vie : on avale un verre d'eau fraîche, puis on se met au travail ou l'on va paisiblement à ses affaires.

Le proverbe bien connu « *Dis-moi qui tu hantes et je te dirai qui tu es* » ne perdrait rien de sa justesse si on le modifiait ainsi : « Dis-moi *ce que tu manges et ce que tu bois*, et je te dirai qui tu es. » Le déjeuner surtout est le repas caractéristique qui fournit sur la moralité de l'homme civilisé les plus sûres indications. L'homme qui déjeune substantiellement *à la fourchette*, et se fait servir ensuite du café noir et des liqueurs, peut être assurément un fort honnête homme; mais ce n'est point un homme sobre, et il y a fort à parier qu'à la suite d'un tel repas il ne travaillera guère. Soyez certain, au contraire, que celui qui déjeune avec du café au lait ou

du Chocolat a peu de besoins physiques; que sa
sensualité, s'il est sensuel, est douce et modérée,
et que l'homme en lui l'emporte de beaucoup sur
l'animal. Que les gouvernements frappent de droits
élevés les liqueurs spiritueuses, boissons de luxe
pour les riches, véritables poisons pour le peuple,
agents de dépravation, d'abrutissement et de dépé-
rissement, également funestes aux mœurs et à la
santé publiques; qu'ils imposent le tabac à un taux
arbitraire; qu'ils s'en attribuent même le monopole
pour le vendre à des prix fictifs; qu'ils fassent de
même pour les cartes à jouer et pour d'autres objets
ne répondant qu'à des besoins factices : ce sont là
des mesures dont on peut contester la légitimité
politique ou l'utilité économique, mais qu'on ne
peut attaquer comme contraires aux intérêts du
peuple, à l'amélioration de son bien-être et à sa
moralisation.

Le Cacao est, au contraire, du petit nombre des
denrées — c'est peut-être la seule — dont la vente
doive être non-seulement affranchie de toute entrave
restrictive, mais encouragée et propagée, parce que
c'est le seul aliment auquel on puisse appliquer la
qualification en apparence bizarre et paradoxale
d'*aliment moralisateur*. Nous venons de démontrer
que cette qualification lui convient à tous égards. Il
est établi, d'ailleurs, que le Cacao est entré trop
largement dans la consommation, qu'il fournit un
appoint trop considérable et trop opportun à l'en-

semble des ressources alimentaires déjà existantes,
pour qu'on puisse désormais le ranger parmi les
aliments de luxe sujets aux lois somptuaires.

Nous pouvons donc conclure, en terminant :

Que rien, absolument rien, ni dans l'ordre politique, ni dans l'ordre administratif et financier, ni
dans l'ordre des considérations sociales, ne justifie
le maintien des droits qui frappent le Cacao à son
entrée en France; qu'au contraire les intérêts de
l'État, ceux de l'industrie et ceux du commerce
tant intérieur qu'extérieur, le bien-être et la moralité
des masses, tout conspire en faveur d'une réforme
large et complète, qui restitue à cet utile produit la
place que lui assignent, parmi les plus précieuses
acquisitions de la science et de l'industrie modernes, ses propriétés bienfaisantes et l'importance
chaque jour croissante de son rôle économique.

PIÈCES JUSTIFICATIVES.

N° 1.

*Édit du Roy portant établissement de droits sur le Caffé,
Thé, Sorbec et Chocolat, donné à Versailles au mois de
janvier 1692, vérifié en Parlement le 26 février 1692.*

Louis, par la grâce de Dieu roy de France et de Navarre, à tous présens et à venir, salut. Les boissons de
Caffé, Thé, Sorbec et Chocolat sont devenues si communes dans toutes les provinces de nostre Royaume,
que nos droits d'Aydes en souffrent une diminution
considérable ; cependant ne voulant pas priver nos sujets de l'usage de ces boissons, que la pluspart jugent
utiles à la santé, Nous nous sommes proposé d'en tirer
quelque secours dans l'occurrence de la présente guerre,
pour Nous dédommager de la diminution que nos droits
d'Aydes en pourront recevoir à l'avenir. Pour cet effet,
ayant fait examiner les différentes propositions qui
nous ont été faites, Nous n'en aurions pas trouvé de
plus convenable et moins à charge à nos sujets, que
d'accorder à une seule personne la faculté de vendre et
débiter le Caffé, Thé, Sorbec et Chocolat, dans toute
l'étendue de nostre Royaume, Païs, Terres et Seigneuries de nostre obéissance, à l'exemple de ce qui se pratique à l'égard du Tabac ; de manière néanmoins que
le prix desdites boissons ne puisse estre augmenté à la

vente en détail, et que Nos sujets conservent toujours
la liberté de continuer le commerce desdites Marchandises dans les Païs étrangers. A ces Causes, et autres
à ce nous mouvant, de nostre certaine science, pleine
puissance et autorité Royale, Nous avons dit, déclaré
et ordonné, et par ces présentes signées de nostre
main, disons, déclarons et ordonnons, voulons et nous
plaist.

Article premier.

Que tout Caffé en fève et en poudre, le Thé, le Sorbec et le Chocolat, ensemble le Cacao et la Vanille qui
entrent dans la composition du Chocolat, ne soient à
l'avenir vendus et débitez, tant en gros qu'en détail,
dans toute l'étendüe de nostre Royaume, Païs, Terres
et Seigneuries de nostre obéissance, que par celuy auquel Nous en aurons accordé la faculté, ses Procureurs, Commis et Preposez, et que les boissons qui
seront faites desdits Caffé, Thé, Sorbec et Chocolat ne
puissent estre débitées en détail que sur ses permissions
par écrit, pour chacune desquelles il luy sera payé
trente livres par an à Paris, et dix livres dans les autres villes pour forme de droit annuel.

Article 2.

Faisons très-expresses inhibitions et défenses à toutes
autres personnes de quelque qualité et condition qu'elles
soient, de faire après la publication des présentes aucun
commerce, vente et débit desdites marchandises et
boissons dans nostre Royaume, Païs, Terres et Seigneuries de nostre obéissance, à peine de confiscation
et de mille livres d'amende pour la première fois, et
de deux mille livres d'amende en cas de récidive. Permettons à cet effet aux Commis du Fermier de faire
toutes les visites nécessaires, et de dresser leurs Pro-

cès-verbaux des contraventions, auxquels sera ajouté
foi, comme pour nos droits des autres Fermes.

ARTICLE 3.

Voulons que tous les Marchands, tant en gros qu'en
détail, qui se trouveront chargez desdites Marchandises
à la publication des présentes, fassent leur déclaration
de la quantité et qualité qu'ils auront, pour estre lesdites Marchandises pesées, inventoriées, cachetées,
marquées et déposées dans les Magasins du Fermier
qui sera par Nous chargé de la vente et débit d'icelles;
et à l'égard de celles qui se trouveront au jour de ladite publication dans les ports de Mer, elles seront déposées dans les Magasins dudit Fermier, jusques à ce
que les Propriétaires soient convenus du prix de gré à
gré, et s'ils n'en conviennent pas ils pourront les transporter hors le Royaume, ou en disposer ainsy qu'il sera
dit cy-après.

ARTICLE 4.

Faisons défenses à tous Marchands François et Étrangers, et à toutes autres personnes, de faire entrer par
terre aucuns Caffé, Thé, Sorbec, Chocolat, Cacao et
Vanille dans nostre Royaume, Païs, Terres et Seigneuries de nostre obéissance, et par Mer et par d'autres
Ports que par ceux de Marseille et Roüen, à peine de
confiscation et de mille livres d'amende, à l'exception
néanmoins des Caffé, Thé, Sorbec, Chocolat, Cacao et
Vanille qui seront trouvez dans les Navires pris sur
les Ennemis de nostre État par nos Vaisseaux de guerre,
ou par les Armateurs, et du Caffé qui sera apporté par
les Vaisseaux de la Compagnie des Indes orientales
établie dans nostre Royaume, ou qui viendra des Isles
Françoises de l'Amérique, qui pourront entrer par tous
les autres Ports de nostre Royaume, où les Vaisseaux
aborderont.

ARTICLE 5.

Enjoignons aux Maistres de Navires, Barques et
autres Vaisseaux, de déclarer au bureau du Fermier
dans les vingt-quatre heures de leur arrivée, la quantité
et qualité desdites marchandises dont ils seront chargez; leur défendons de les décharger avant qu'ils en
ayent fait leur déclaration, à peine de confiscation
de ce qui aura esté déchargé, et de mille livres d'a-
mende.

ARTICLE 6.

Ne pourront lesdites Marchandises estre vendües à
d'autres qu'au Fermier, ses Procureurs et Commis,
pour estre consommées dans nostre Royaume, et s'ils
ne conviennent du prix, permettons aux Marchands
ou aux Propriétaires de les rembarquer, et d'en disposer par vente ou autrement au profit de nos Sujets ou
des Etrangers, pour estre incessamment transportez
hors de nostre Royaume; Voulons, en cas de séjour,
qu'elles soient déposées à leurs frais dans les magasins
du Fermier, et non ailleurs, sur les peines portées par
les articles précédents.

ARTICLE 7.

Défendons à ceux qui auront acheté lesdites Marchandises, de quelque qualité et nation qu'ils soient,
de les enlever qu'en vertu des congez qui seront déli-
vrez gratis par les Commis du plus prochain Bureau,
et après qu'ils auront déclaré la quantité et qualité
desdites Marchandises, le lieu de leur destination et
celuy par lequel ils entendent les faire sortir de nostre
Royaume, et qu'ils auront donné caution resseante et
solvable de rapporter dans le temps qui sera convenu
un certificat en bonne forme du déchargement, ou

d'en payer au Fermier le prix cy-après déclaré, le tout
à peine de confiscation et de mille livres d'amende.

Article 8.

Pourra ledit Fermier retenir la quantité desdites
Marchandises qu'il croira nécessaire pour le fournisse-
ment de ses Magasins, pour le mesme prix qui aura
esté convenu avec les acheteurs, en les remboursant,
pourvû, et non autrement, qu'il ait fait sa déclaration
par écrit avant qu'il ait délivré ses congez pour l'enlèvement.

Article 9.

Permettons au Fermier, ses Procureurs et Commis
de faire arrester en vertu des présentes, les vagabonds
et gens sans aveu qui se trouveront saisis de Caffé,
Thé, Sorbec, Chocolat, Cacao et Vanille entrant en
fraude dans nostre Royaume, Pais, Terres et Seigneuries de nostre obéissance, lesquels ne pourront estre
élargis qu'en connoissance de cause; et si la fraude
est prouvée, voulons outre la confiscation en cas d'insuffisance de payer l'amende, qu'elle soit convertie en
la peine du carcan pour la première fois, celle du fouet
pour la seconde, et, eu cas de récidive, aux galères pour
cinq ans.

Article 10.

Défendons à tous nos sujets de retirer dans leurs
maisons ceux qui portent et voiturent desdites Marchandises en fraude, ny de souffrir qu'elles y soient
entreposées, à peine de complicité.

Article 11.

Défendons aussi à tous soldats, et autres estant dans
les Garnisons, sur les Vaisseaux et Gallères, et à ceux

43

qui nous y servent volontairement ou par force, de
vendre ny débiter aucune desdites Marchandises, à
peine de punition corporelle s'il y échet, et de trois
cens livres d'amende, au payement de laquelle les offi-
ciers, sous-comites et algouzins qui l'auront souffert,
seront contraints par saisie de leurs solde et appointe-
mens, entre les mains des Receveurs et Payeurs.

ARTICLE 12.

Défendons au Fermier et à ceux qui seront par luy
préposez à la vente desdites Marchandises, de vendre
ou revendre le Caffé en fève plus de quatre francs la
livre poids de marc; le Thé plus de cent francs la livre
le meilleur, cinquante livres le médiocre, et trente
livres le commun; le Sorbec plus de six livres, et le
Chocolat plus de six francs la livre; le Cacao plus de
quatre francs la livre, et la Vanille plus de dix-huit
livres le paquet composé de cinquante brins; et les
boissons qui seront faites desdites Marchandises, ne
pourront estre vendües en détail que par ceux qui en
auront obtenu la permission du Fermier, ou de ses
Procureurs et Commis, par écrit, ainsy qu'il est dit
cy-dessus, et à plus haut prix qu'elles se vendent à
présent; savoir, la prise de Caffé à trois sols six deniers; celle du Thé au mesme prix; celle du Chocolat
à huit sols, et celle du Sorbec au mesme prix, le tout
à peine de concussion.

ARTICLE 13.

Toutes lesdites boissons, et particulièrement le Caffé,
ne pourront estre mixtionnées et mélangées de grains,
poix, fèves et autres choses, par ceux qui les vendront
en détail et qui en feront la composition, à peine de
mille livres d'amende et de punition corporelle.

ARTICLE 14.

Révoquons tous priviléges et permissions que Nous
pourrions avoir accordés cy-devant pour la vente,
tant en gros qu'en détail, desdites Marchandises et
boissons, ou pour la composition du Chocolat, en
quelque sorte et manière que Nous les ayons accordez.

ARTICLE 15.

Voulons que le Fermier, ses Procureurs et Préposés
pour la vente desdites Marchandises en gros dans ses
magasins jouissent des mesmes priviléges et exemp-
tions que ceux de nos autres Fermes; et en cas de
contestations, qu'elles soient jugées en première instance pendant les trois premières années par les sieurs
Intendans et Commissaires départis pour l'exécution
de Nos ordres dans les Provinces, auxquels Nous en
avons attribué et attribuons à cette fin par ces présentes toute cour et juridiction pour ledit temps de
trois ans, sauf l'appel au Conseil. Si donnons en Mandement à nos amez et féaux Conseillers les gens tenant
nostre Cour de Parlement, Chambre des Comptes et
Cour des Aydes à Paris, que nostre présent Edit ils
ayent à faire registrer, et le contenu en iceluy garder,
observer et exécuter selon sa forme et teneur, cessant
et faisant cesser tous troubles et empeschemens qui
pourraient estre mis ou donnez, nonobstant tous Edits
Déclarations, Règlemens, et autres choses à ce contraires, auxquels Nous avons dérogé et dérogeons par
nostredit présent Edit, aux copies duquel, collationnées
par l'un de nos amez et féaux Conseillers et Secrétaires,
voulons que foy soit ajoutée comme à l'original : car
tel est nostre plaisir. Et afin que ce soit chose ferme
et stable à toûjours, Nous y avons fait mettre nostre
scel. Donné à Versailles au mois de Janvier, l'an de

grâce 1692 , et de nostre règne le quarante-neuvième.
Signé : Louis. Et plus bas : Par le Roy, Phelippeaux.
Visa : Boucherat. Et scellé du grand sceau de cire verte.

Registré, ouy, et ce requerrant le Procureur général
du Roy, pour estre exécuté selon la forme et teneur,
et copies collationnées envoyées dans les Siéges , Bail-
liages et Sénéchaussées du ressort, pour y estre leûes,
publiées et registrées : enjoint aux substituts du Procureur général d'y tenir la main, et d'en certifier la
Cour dans un mois, suivant l'arrest de ce jour. A Paris,
en Parlement, le 26ᵉ jour de février 1692 . Signé : Du
Tillet.

No 8.

Arrest du Conseil d'État du Roy, qui confère au sieur Damame (ou Dumaine), le privilége de la vente du Caffé, du Thé, du Sorbec et du Chocolat. Du 22 janvier 1692.

(*Extrait des Registres du Conseil d'État.*)

Le Roy, ayant par résultat de son Conseil de cejourd'hui traité avec Maistre François Damame, Bourgeois de Paris, du privilége de vendre seul, à l'exclusion de tous autres, pendant six années, à commencer du premier janvier de la présente année 1692, suivant la déclaration de Sa Majesté, du présent mois, tous les Caffez, Thez, Sorbecs et le Chocolat, avec les drogues dont il est composé, comme le Cacao et la Vanille, dans toutes les Provinces et Villes du Royaume, Terres et Seigneuries de l'obéissance de Sa Majesté ; et voulant qu'en attendant l'enregistrement de ladite Déclaration ledit Damame jouisse de l'effet dudict Traité et qu'il pourvoie aux choses nécessaires pour l'administration et conservation dudit privilége et puisse sousfermer, soustraiter, commettre et substituer, ainsi qu'il jugera à propos. Ouy le rapport du sieur Phelippeaux de Pontchartrain, Conseiller ordinaire au Conseil Royal, Controlleur Général des Finances

Sa Majesté en son Conseil a ordonné et ordonne qu'en attendant l'enregistrement de ladite Déclaration où besoin sera, ledit Damame jouira pendant six années prochaines et consécutives, à commencer du premier janvier de la présente année 1692, du privilége

de vendre, faire vendre et débiter seul, à l'exclusion
de tous autres, tous les Caffez tant en fèves qu'en
poudres, le Thé, les Sorbecs et les Chocolats, tant en
pain, roullots, tablettes, pastilles, que de toute manière qu'il soit mis; ensemble les drogues dont il est
composé, comme le Cacao et la Vanille. Fait S. M. défense à toutes personnes de s'immiscer en la composition, vente et débit tant en gros qu'en détail desdites
drogues et Marchandises, sans la permission expresse
et consentement dudit Damame, à peine de confiscation et de mille livres d'amende pour la première fois,
et de quinze cens livres et de punition exemplaire en
cas de recidive. Veut Sa Majesté que tous les Marchands et Negocians tant en gros qu'en détail qui se
trouveront chargez de Caffez en fèves et en poudres, de
Thez, Sorbecs, Chocolats, Cacao et Vanille, au jour de
la publication du présent Arrest, soient tenus d'en faire
leurs déclarations aux Bureaux dudit Damame, dans
le même jour, contenant la quantité et qualité desdites
Marchandises, pour être icelles pezées, inventoriées,
marquées, cachetées par les commis et préposez dudit
Damame, et icelles déposées dans ses Magasins, et que
toutes lesdites Marchandises qui se trouveront n'avoir
esté déclarées, inventoriées, cachetées et portées èsdits
Magasins, soient confisquées, et que les propriétaires,
ensemble ceux qui leur auront presté leur Ministère et
Maisons soient condamnez solidairement en quinze
cens livres d'amende, lesquelles confiscation et amende
appartiendront audit Damame, et s'il y a un dénoncia-
teur, veut Sa Majesté qu'il lui en soit délivré le tiers.
Et à l'esgard desdites Marchandises qui se trouveront
dans les Ports de Mer, Villes Maritimes, et en la Ville
de Lyon au jour de ladite publication, ensemble celles
qui viendront à l'avenir tant du Levant qu'autres Païs
étrangers, mesme des Isles Françoises, et celles qui

auront esté prises en Mer par les Vaisseaux de Sa Majesté et Armateurs, ou sur Terre par les gens de Guerre, qu'elles ne puissent estre vendues qu'audit Damame de gré à gré, et jusques à ce qu'il soit convenu du prix, que lesdites Marchandises soient amenées et conduites dans ses Magasins pour y estre conservées aux frais et dépens desdits propriétaires, au cas qu'ils ne conviennent point du prix, jusqu'à ce qu'il les fasse charger et transporter hors le royaume; ce que Sa Majesté leur a permis et permet de faire par Mer seulement. Fait Sa Majesté défenses à toutes personnes de faire entrer des Caffez et Sorbecs par d'autres Ports que ceux de Marseille et Roüen, ainsi qu'il est ordonné pour les Marchandises du Levant, à l'exception néanmoins des Caffez qui pourront avoir esté pris en Mer, et de ceux qui viendront des Isles Françoises. Enjoint Sa Majesté à Maistre Pierre Pointeau, Fermier des cinq grosses Fermes, ses Commis et Préposez, de veiller à ce que lesdites Marchandises n'entrent dans le Royaume en contravention au préjudice dudit Damame; et à cet effet ledit Pointeau conviendra avec ledit Damame des moyens pour empescher lesdites contraventions. Fait Sa Majesté défenses aux Fermiers et Maistres des Coches, Carrosses et Messageries par Terre et par Eau, et aux Courriers, de recevoir, porter et conduire aucunes desdites drogues et Marchandises, qui ne leur soit apparu des congez dudit Damame, à peine de confiscation tant desdites Marchandises que des Coches, Carrosses, Chevaux et Harnois, et à cet effet les Marchands, Negocians et autres seront tenus de déclarer dans leurs lettres de Voitures la qualité des Marchandises qu'ils donneront à Voiture sur les mesmes peines. Permet Sa Majesté audit Damame d'établir en toutes les Villes du Royaume, en celles des nouvelles conquestes, dans les Foires et Marchez, et ès Camps et Armées, Cour et suite de Sa Majesté, tel nombre de Commis et Préposez qu'il sera jugé nécessaire pour vendre et débiter tant en gros qu'en détail lesdits Caffez, Thez, Sorbecs et Chocolats, lesquels Commis jouiront des mesmes priviléges et ports d'armes que ceux des autres Fermes de Sa Majesté. Et ne seront, lesdits Caffez, mixtionnez ny melangez de grains, pois, fèves, ny austres choses de cette qualité ; non plus que les Thez et Chocolats, qui seront composez comme par le passé, à peine de punition corporelle et de quinze cens livres d'amende. Enjoint Sa Majesté au Sieur de la Reynie, Conseiller d'État, Lieutenant Général de Police à Paris, et aux Sieurs Intendans et Commissaires départis dans les provinces et généralitez du Royaume, de tenir la main chacun en droit soy à l'exécution du présent Arrest, lequel sera lû, publié et affiché partout où besoin sera. Fait au Conseil d'État du Roy, tenu à Versailles le 22e jour de janvier 1692. Collationné. Signé : ROUILLET.

N° 3.

Procès-verbal de visite chez les débitants de Chocolat, en exécution de l'arrêt du Conseil d'État du 22 janvier 1692.

Du vendredy ce vingt-cinq janvier 1692, six heures du matin.

Nous Nicolas Delamarre, Conseiller du Roy, Commissaire au Chastelet de Paris, en exécution du résultat du Conseil au sujet de la vente des Caffé, Thé, Sorbet, Chocolat, Cacaho et Vanille qui entrent dans la composition desdites liqueurs, en suivant l'ordre du Roy dessus et celuy en conséquence à nous donné par Monsieur de la Reynie, Conseiller d'État ordinaire, Lieutenant Général de Police, sommes transportés dans les maisons et boutiques de tous les Espiciers, droguistes, distillateurs et cafetiers demeurans dans l'estendue de nostre quartier pour prendre leurs déclarations de tous les Caffé, Thé, Sorbet et Chocolat et de tous les Cacao et Vanille qu'ils ont en leur possession, soit chez eux ou en depost dans leurs Magasins ou ailleurs, mesme par les chemins, pour estre par nous dressé inventaire par poids et qualités, assisté de Louis Couturier, l'un des Commis et Préposez de M⁰ François Dumaine, intéressé au Traité fait concernant lesdits Caffé, Thé, Sorbet et Chocolat, ainsi que ensuit :

Premièrement : en la maison de François Leblane, distillateur, demeurant rue de la Juifverie, au coing de la rue Saint-Christophe, auquel ayant fait entendre le sujet de nostre transport, et après serment par luy faict

13.

de dire vérité et nous représenter fidellement lesdites Marchandises, mesme nous déclarer ce qu'il en a ailleurs que chez luy soit en Magasin ou par les chemins, il nous a représenté dans une salle, sur le derrière de ladite maison, les Marchandises qu'il ensuivent :

Dix-huit livres de Caffé en graine.
Un quarteron de Caffé en poudre.
Quatre livres de Thé.
Trois livres et demie de Chocolat en paste.

Lesquelles Marchandises avons laissées en sa possession, pour les représenter s'il est besoin, et a déclaré ne savoir escrire ny signer de ce interpellé.

Signé : L. Cousturier.

Sommes ensuite transporté en la maison de François Daunet, marchand-distillateur à Paris, sise rue de la Juifverie, auquel ayant fait entendre le sujet de nostre transport, il a déclaré et affirmé qu'il n'a jamais vendu du Caffé, du Thé ny Chocolat, qu'il n'en a point en sa possession et n'en a jamais eu en chemin ou ailleurs, et au cas qu'il s'en trouve, se soumet en la confiscation et autre peine portée par l'Arrest du Conseil.

Signé : Daunet.

Sommes ensuite transporté en la maison et boutique de Pierre Lebœuf, marchand-distillateur, demeurant rue de la Lanterne, auquel nous avons fait entendre le sujet de nostre transport; il nous a représenté une boiste dans laquelle il y a un reste de Caffé d'environ demi livre, et qu'il en achète en proportion de ce qu'il en a affaire, et qu'il n'a aucune autre de ces Marchandises qu'environ un quarteron de Chocolat qu'il nous a aussy représenté, soit en ladite maison, sur les chemins ou ailleurs, et en cas qu'il s'en trouve, se soumet aux peines portées par l'Arrest du Conseil, et a déclaré ne savoir escrire ny signer de ce interpellé.

Sommes ensuite transporté sur le pont au Change, en la boutique de Françoise Gaujonnet, veuve de Pierre Gervais, de son vivant marchand-distillateur, à laquelle avons fait entendre le sujet de nostre transport ; après serment par elle fait de dire vérité, elle nous a présenté cinq livres de Caffé en graine, trois livres de Caffé bruslé en poudre, une livre et demie de Chocolat en paste, une demy-livre de chocolat en tablette et un quarteron de Thé ; lesquelles Marchandises avons laissé en la garde de ladite veuve Gervais qui s'en est chargée pour les représenter s'il luy est ordonné.

Signé : Françoise GORGONET.

Sommes ensuite transporté rue de la Barillerie, en la maison et boutique de Jean-Louis Coquelin, marchand-épicier, auquel ayant fait entendre le sujet de nostre transport, et serment par lui fait de dire vérité, il nous a représenté deux livres de Caffé en graine et nous a déclaré et affirmé n'avoir en sa maison ny ailleurs desdites Marchandises, et en cas que s'il s'en trouve, se soumet aux peines portées par l'Arrest du Conseil, lequel Caffé luy a esté laissé pour estre représenté sy besoin est.

Signé : Jean-Louis COCQUELIN.

Sommes ensuite transporté en la maison et boutique de Jean Filliot, marchand-distillateur, sise place Dauphine, auquel ayant fait entendre le sujet de nostre transport, il nous a représenté huit livres de Caffé en graine, une livre de Caffé en poudre, une demy livre de Chocolat et une once de Thé, lesquelles Marchandises il a affirmé estre tout ce qu'il a chez luy et qu'il n'en a autre ailleurs ny mesme sur les chemins et en cas qu'il s'en trouve se soumet aux peines portées par l'Arrest du Conseil, et lesdites Marchandises ont esté laissées audit Filliot, et a signé :

FILLIOT.

Sommes ensuite transporté en la boutique et maison de Nicolas Fosset, marchand-espicier, sise place Dauphine où estant, ayant fait entendre le sujet de nostre transport à Jeanne Geoffroy, sa femme, elle nous a dit que son mary est à la campagne au sujet du deced de son père, et qu'ils ne font point commerce de la Marchandise de Caffé, Thé, Chocolat, et n'a aucune en sa boutique ny ailleurs, et en cas qu'il s'en trouve, se soumet aux peines portées par ledit Arrest, et a signé :

Anne JOUFFREY, femme de Fosset.

Sommes ensuite transporté en la boutique et maison d'Anthoine Jacquin, fruitier oranger, chez lequel ne s'est trouvé aucune desdites marchandises, et affirme qu'il n'en a aucune chez luy ny ailleurs. Et a signé :

Anthoine JACQUIN.

Sommes ensuite transporté en la boutique et maison de Ollivier Julles, marchand espicier, rue du Harley, ou estant, ayant fait entendre le sujet de nostre transport à Marie Potel, sa femme, elle nous a représenté quinze livres de Caffé en graine et affirme n'en avoir plus grand'quantité chez luy ny ailleurs, et ledit Caffé luy a esté laissé en sa possession.

Signé : Marie POTEL.

Sommes ensuite transporté en la maison et boutique de Antoine Guiette, marchand espicier, size rue Saint-Louis, auquel ayant fait entendre le sujet de nostre transport, il nous a déclaré et affirmé n'avoir aucune desdites marchandises chez luy ny ailleurs, et en cas qu'il s'en trouve, se soumet aux peines portées par l'Arrest du Conseil.

Signé : Antoine Guyet.

Sommes ensuite transporté en la maison et boutique de Pierre Pipon, marchand espicier, au Marché-Neuf, auquel ayant fait entendre le sujet de nostre transport, il nous a représenté six livres de Caffé en graine, une livre de Caffé en poudre qu'il nous a dit estre pour son usage, et nous a déclaré qu'il a escrit à Lion, à Forc et Chorolles, ses commissionnaires, pour luy en acheter et luy envoyer une balle, mais n'a point eu de leurs nouvelles et ne sçait point s'ils l'ont fait partir; comme aussy nous a déclaré qu'il a quinze livres *cachoux*, lesquelles marchandises a affirmé estre le tout qu'il a, et les avons laissées.

Signé : Pipon.

Sommes ensuite transporté en la maison et boutique de Guillaume Cavellier, marchand épicier au Marché-Neuf, lequel nous a déclaré et affirmé n'avoir aucune desdites marchandises, et en cas que le contraire se trouve, se soumet aux peines portées par ledit Arrest.

Signé : G. Cavelier.

Sommes ensuite transporté en la boutique de François Menseau, marchand espicier au Marché-Neuf, lequel après serment par luy fait, nous a déclaré n'avoir aucune desdites marchandises chez luy ny ailleurs, et en cas que le contraire se trouve, se soumet aux peines portées par ledit Arrest, et a signé :

F. Manceau.

Sommes ensuite transporté en la boutique et maison

de Nicolas Riberon Decqueville, marchand espicier, rue
de la Barillerie, auquel ayant fait entendre le sujet de
nostre transport, il nous a représenté dix-huit livres
de Café, et a affirmé n'en n'avoir plus grande quantité
chez luy ny ailleurs, et qu'au cas si le contraire se
trouve, se soumet aux peines portées par ledit Arrest.

DECQUEVILLE.

Sommes ensuite transporté en la boutique et maison
de Jean Houdine, marchand distillateur, rue de la Barillerie, où estant, il nous a déclaré qu'il n'a aucune
desdites marchandises et n'en a jamais vendu, ce qu'il
a déclaré après avoir affirmé, et signé :

HOUDINE.

Sommes ensuite transporté en la boutique et maison
de Marguerite Leblanc, femme séparée de corps et de
biens de Louis Roussin, marchand distillateur, rue de
Barillerie, où estant, ayant fait entendre le sujet de
nostre transport à Gabriel Chavin, neveu de ladite
femme, pour l'indisposition de sadite tante qui est au
lit et malade, il nous a présenté cinq livres de Café
en graine, une livre de Café en poudre et deux livres
de Chocolât, un demy quarteron de Thé, et après serment par luy fait, a déclaré n'avoir plus grand quantité
en ladite boutique en ville.

Signé : Gabriel CHAVIN.

Sommes ensuite transporté en la boutique de Jeanne
le Carlier, veuve de deffunt Pascal Baffin, marchand
espicier, rue de la Callendre, à laquelle ayant fait entendre le sujet de nostre transport, elle nous a déclaré
et affirmé n'avoir aucune desdites marchandises chez
elle ny ailleurs.

Signé : Jeanne LE CARLIER.

Sommes ensuite transporté en la boutique de Philippe Nioche, marchand espicier, rue de la Callandre, auquel ayant fait entendre le sujet de nostre transport, il nous a déclaré et affirmé n'avoir aucune desdites marchandises ny chez luy ny ailleurs.

Signé : Philippe Nioche.

Sommes ensuite transporté en la maison et boutique de Michel de La Serre, marchand espicier à Paris, rue de la Lanterne, auquel ayant fait entendre le sujet de nostre transport, nous a représenté trois livres de Caffé en graine, nous a dit que c'est son reste, et que pendant le cours de la présente année il en a vendu pour plus de deux mil francs à plusieurs particuliers, et qu'il en a vendu encore hier trois cent cinquante neuf livres à un particulier; c'est pour ceste raison qu'il luy en reste sy peu à présent, mais qu'il en attend deux balles du poids de treize cens soixante dix sept livres les deux du poids de Lion qui lui sont envoiez par le sieur Moulau de ladite ville de Lion, suivant lettre d'avis qu'il luy en a escrite. Ce fait avons interpellé ledit sieur de la Serre de nous déclarer le nom de celuy auquel il prétend avoir vendu le jour d'hier ladite quantité de trois cens soixante neuf livres, a offert mesme de nous représenter son livre de vente, pour justifier de la présente déclaration; obtempérant à ladite interpellation, il nous a représenté son livre journal par lequel apert, folio deux cent soixante recto, que le jour d'hier, 24 du présent mois, il a vendu au sieur Tranquare une demy pièce de Caffé pesant trois cens cinquante neuf livres, à vingt six sols la livre comptant, lequel sieur Tranquare il nous a dit estre un marchand espicier demeurant à Chevalier du Guet, et après serment par luy fait de dire vérité, a déclaré n'avoir plus grande quantité ny chez luy ny ailleurs, sinon qu'il en a encore mandé deux balles du poids de mil livres ou plus, selon que les balles se rencontreront, et qui pourront luy estre envolées par la demoiselle Vallon et le sieur Saladin, marchand de Lion, auquel il en a escrit et n'a pas encore reçu lettre d'advis.

Signé : DE LA SERRE.

Sommes ensuite transporté en la maison et boutique de Clément Joseph, marchand espicier, rue de la vieille Draperie, où estant, faisant entendre le sujet de nostre transport à Charlotte Lallement, sa femme, elle nous a déclaré et affirmé n'avoir aucune desdites marchandises chez luy ny ailleurs.

Signé : Charlot. LALLEMENT.

Sommes ensuite transporté en la maison et boutique de Adrien Duchesne, marchand distillateur, sur le pont Nostre-Dame, auquel ayant fait entendre le sujet de nostre transport, il nous a déclaré et affirmé n'avoir aucune desdites marchandises chez luy ny ailleurs.

Signé : Adrien DUCHESNE.

Sommes transporté en la boutique de Marie Guignard, veuve de Jean Raimond, marchand espicier, rue du Hault-Moulin, lequel a affirmé n'avoir aucune desdites marchandises en question, et a déclaré ne savoir escrire ny signer, de ce interpellé.

Sommes transporté en la boutique de Françoise Navorre, veuve de Triqueron, marchand chandellier, à Paris, rue des Marmousets, qui nous a déclaré et affirmé n'avoir aucune des marchandises en question.

Signé : Françoise NAVORRE.

Sommes transporté en la boutique de Thomas Hanniset, marchand espicier à Paris, rue Saint-Christophe, où estant, parlant à Marie Bruslé sa femme, elle nous a représenté une livre et demie de Caffé en graine qu'elle a affirmé estre ce qu'il avoit en leur possession, n'en ont point ailleurs, et a signé :

Marie Bruslé.

Sommes ensuite transporté en la boutique de Marie Jeanne Prévost, veuve d'Antoine Boucher, marchand espicier, rue neuve Nostre-Dame, où estant, ayant fait entendre le sujet de nostre transport à Marie-Madeleine Boucher, sa fille, elle nous a déclaré et affirmé que sadite mère n'a aucune desdites marchandises chez elle ny ailleurs.

Signé : Marie Boucher, 4° Mne Arly.

Sommes ensuite transporté en la boutique de Marc Perot, marchand distillateur à Paris, rue neuve Nostre-Dame, où estant, ayant fait entendre le sujet de nostre transport à Élisabeth Papillon, sa femme, elle nous a représenté une livre de Caffé en poudre et a déclaré et affirmé n'en avoir plus grande quantité chez luy ny ailleurs, et a signé :

Élisabeth Papillon.

Et de tout ce que dessus avons dressé le présent procès-verbal, pour servir en temps et lieu ce que de raison.

Signé : L. Cousturier.

Nous, André Duchesne le jeune, aussy Conseiller-Commissaire audit Chastelet, continuant les visites cy-dessus, sommes transporté en la maison et boutique de François Capet, marchand-distillateur, rue des Deux-Ponts, auquel ayant fait entendre le sujet de nostre transport, il nous a représenté six livres de Caffé en graine, une livre de Caffé en poudre, deux livres de Thé et trois livres de Chocolat, et nous a déclaré et affirmé c'est tout ce qu'il a en sa possession, n'en a point d'autre chez lui ny ailleurs, et en cas que le contraire se trouve, se soumet aux peines portées audit Arrest du Conseil.

Signé : CAPELLE.

Sommes ensuite transporté en la maison et boutique de Jacques de Vierny, marchand-espicier, à Paris, rue des Deux-Ponts, auquel ayant fait entendre le sujet de nostre transport, il a affirmé et déclaré n'avoir aucune desdites Marchandises chez luy ny ailleurs, et en cas que le contraire se trouve, se soumet aux peines portées par ledit Arrest du Conseil.

Signé : DE VIERNY.

Sommes ensuite transporté en la maison et boutique de André Talmont, marchand-distillateur, rue des Deux-Ponts, auquel ayant fait entendre le sujet de nostre transport, il nous a déclaré et affirmé n'avoir aucune desdites Marchandises chez luy ny ailleurs et en cas que le contraire se trouve se soumet aux peines portées par ledit Arrest.

Signé : André TALMONT.

Sommes ensuite transporté en la boutique de Jean-Baptiste Candin, marchand-distillateur, à Paris, sur l'aisle du pont Marie, auquel ayant fait entendre le sujet de nostre transport, il nous a représenté une demy livre de Caffé, et nous a déclaré et affirmé n'en avoir plus grande quantité chez luy ny ailleurs, ny d'autres Marchandises en sa possession.

Signé : Janbatiste CANDIN.

Sommes ensuite transporté en la maison et boutique de François Roson, marchand - espicier, à Paris, sur l'aisle dudit pont Marie, auquel ayant fait entendre le sujet de nostre transport, il nous a déclaré et affirmé n'avoir aucune desdites Marchandises chez luy ny ailleurs, et en cas que le contraire se trouve, se soumet aux peines portées par ledit Arrest.

Signé Rozon.

Sommes ensuite transporté en la maison et boutique de Jean Belu, marchand-espicier, à Paris, demeurant rue des Deux-Ponts, auquel ayant fait entendre le sujet de nostre transport, il nous a représenté cinquante-trois livres de Caffé en graine et dix livres aussy de Caffé de cribeleure aussy en graine, et nous a déclaré et affirmé estre tout ce qu'il a en sa possession tant chez luy que ailleurs, et en cas que le contraire se trouve, se soumet aux peines portées par ledit Arrest du Conseil.

Signé : Belu.

Et de tout ce que dessus avons dressé le present procès-verbal, pour servir et valoir en temps et lieu ce que de raison.

Signé : Duchesne. L. Cousturier.

Et le lendemain samedy vingt-six desdits mois et an, sept heures de relevée, par-devant nous Nicolas Delamare, Conseiller-Commissaire susdit, en nostre hostel est comparu Rodolphe de Cauvillet, marchand-mercier au palais, demeurant dans la salle neuve, lequel nous a dit et déclaré que ayant eu advis par nous des visites faites dans les maisons des espiciers, caffeiers et droguistes, il a jugé à propos qu'il est de son devoir, pour obéir aux ordres du Roy de nous venir déclarer qu'il a en sa possession quatre cens livres de Caffé en graine, dix livres de Chocolat et sept onces de Thé, qu'il avait achetés pour en faire commerce, et a signé :

Rodolphe DE CAUVILLET.

Et au dos est écrit : Procès-Verbal du 25 janvier 1692, pour les Fermiers du Caffé.

———

Procès-verbal de contravention aux Ordonnances sur la vente du Cacao, du Caffé, etc., etc., contre un débitant non autorisé desdites marchandises.

Du mardy vingt-neuvième janvier mil six cens quatre-vingt-douze, unze heures du matin, par-devant nous, Nicolas Delamarre, Conseiller du Roy, Commissaire au Chastelet de Paris, en nostre hostel.

Est comparu M. Joseph Rolandye, sieur Des Buttes, l'un des interressez en la ferme du Caffé et Chocolat, lequel nous a dit qu'il avoit advis que Rodolphe de Cauville, marchand-mercier dans la salle neuve du Palais au préjudice de l'Arrest du Conseil, continue de débiter et débite du Caffé dans sa boutique; pour establir la vérité de laquelle contravention il nous a requis de nous transporter en ladite boutique, suivant lequel requisitoire, nous, conseiller et commissaire susdit, sommes transporté avec ledit sieur Des Buttes, où estant, ayant fait entendre le sujet de nostre transport audit de Cauville, il nous a dit qu'il est vray que samedy dernier il lui est tombé entre les mains un imprimé dudit Arrest, et qu'aussitôt qu'il en eust connoissance, il se transporta exprès au Chastelet, nous fist sa déclaration de la quantité du Caffé, du Chocolat et du Thé qu'il avoit alors en sa possession, et qu'il est vray aussy que depuis ledit temps il a continué à débiter une partie dudit Caffé, ayant cru le pouvoir d'autant que s'estant informé aux MM. et gardes de leur communauté ils luy ont dit qu'il le pouvoit vendre jusques à ce que ledit Arrest leur eust esté signiffié, mais que dans ce moment que nous luy faisons entendre que cela est deffendu, il se soumet de n'en plus vendre, jusques à ce que la permission lui en ait esté accordée, et l'ayant interpellé de nous répéter ce qu'il luy reste desdits Caffé, Thé et Chocolat, il nous a representé une caisse et un sac remplis de Caffé en graine non bruslé, lequel sac et caisse ont esté cachetez du cachet dudit sieur Des Buttes, pour estre representez au bureau desdits sieurs interressez, suivant ledit Arrest, comme aussi nous a representé trois livres de Caffé bruslé qui lui ont esté laissées pour le débiter sur le pied qui sera reglé avec luy audit bureau. Nous a pareillement déclaré que outre la quantité de Thé portée par sa déclaration, il en a encore deux onces de plus que les sept qu'il nous a déclaré et qui sont à luy, et qu'il a aussy six onces et demie qu'il a déclaré apartenir au sieur Ardancourt, demeurant au bureau des Indes Orientales, qui luy a donné à vendre pour le compte dudit Ardancourt, laquelle quantité de Thé a esté aussy laissée audit de Cauville, qui s'en est chargé pour le représenter incessament audit bureau. Et à l'esgard du Chocolat, nous en a representé la quantité de vingt livres, lesquelles vingt livres luy ont esté laissées en sa possession pour les representer audit bureau, et auquel de Cauville avons réitéré les deffenses portées par ledit Arrest de débiter aucune chose desdites marchandises, jusques à ce qu'il en ait obtenu la permission desdits interressez.

Et par ledit sieur Des Buttes nous a esté dit que cejourd'huy matin, ledit de Cauville a fait voir en sa boutique, à un particulier qui achetait du Caffé un placard au bas duquel est la commission et ensuite la publication et affiche qui en a esté faite dans tous les lieux et places publiques par Simon Monnet, huissier au Chastelet, le vingt-six du présent

mois, signé dudit Monnet, et nous a requis d'interpel-
ler ledit de Cauville de nous representer ladite copie
d'Arrest, lequel de Cauville obeissant à ladite interpellation, nous a representé ladite copie d'Arrest et placard
du 22 janvier 1692, en papier timbré, au bas duquel
est la commission du mesme jour et la publication et
affiche du vingt-six dudit mois, signée Monnet, laquelle
copie, par la colle qui reste au dos, paroist avoir esté
affiché. Et nous a ledit de Cauville déclaré que samedy
dernier, sortant de chez nous, il vit ladite affiche nouvellement affichée, et qu'il la prist pour s'instruire et
sans aucun mauvais dessein ; de laquelle déclaration et
reconnoissance ledit sieur Des Buttes nous a requis
sur ce pour luy servir et valoir en temps et lieu ce que
de raison. Et ont signé :

Guill. Des Buttes. Rodolphe de Cauville.

N° 5.

12 may 1693. Arrêt qui révoque le privilége, pour la vente du caffé, thé, sorbet et chocolat, établi par édit du mois de janvier 1692, et rétablit la liberté de ce commerce.

Le Roy s'étant fait representer en son conseil son édit du mois de janvier 1692, portant reglement pour la vente et distribution du caffé, thé, sorbet, chocolat, cacao et vanille, que Sa Majesté avoit voulu être faite à l'avenir dans toute l'etendue de son royaume par une seule personne, avec deffenses à tous autres de debiter en détail les boissons faites desdits caffé, thé, sorbet et chocolat, que sur les permissions de la personne à laquelle Sa Majesté en auroit accordé ledit privilége : le résultat du conseil du 22 du même mois et an, par lequel Sa Majesté auroit accordé ledit privilége à maitre François Dumaine, pour l'exercer par luy, ses procureurs, commis et preposez, suivant et conformément audit édit, et à l'arrest du conseil du même jour 22 janvier 1692, moyennant le prix et les clauses et conditions portées par ledit résultat et pour six années, à compter dudit mois 1692. Et Sa Majesté faisant considérations sur les frais excessifs que ledit Dumaine est obligé de faire pour l'exploitation de ce privilége, ce qui consomme tout le bénéfice qu'il en pourroit retirer, et sur les offres faites en dernier lieu par les marchands épiciers et autres negocians, de payer tels droits qu'il plairoit à Sa Majesté de mettre sur lesdites marchandises à l'entrée du royaume, pourvu qu'il luy plust de

révoquer ledit privilége, et de leur laisser la liberté du
commerce de ces marchandises comme auparavant l'édit
du mois de janvier 1692. Sa Majesté auroit résolu de
décharger ledit Dumaine de l'exécution de son traité,
et de rendre ce commerce libre comme il étoit auparavant, en payant par les négocians qui voudront le
faire, quelques droits nouveaux aux entrées du royaume.
A quoy désirant pourvoir : Oui le rapport du sieur
Phelipeaux de Pontchartrain, conseiller ordinaire du
conseil royal, controlleur général des finances, Sa Ma-
jeste, en son conseil, a révoqué et révoque le privilége
étably par l'édit du mois de janvier mil six cent quatre-
vingt douze, pour la vente, tant en gros qu'en détail,
des marchandises de caffé, thé, sorbet, chocolat, cacao
et vanille, et des boissons faites desdites marchandises ;
ce faisant, permettre à tous marchands et negocians
d'en faire commerce, et aux limonadiers et autres qui
avoient la faculté de vendre les boissons de caffé, thé,
sorbet et chocolat, de les débiter comme auparavant
ledit édit. Veut et entend Sa Majesté qu'à l'avenir, à
compter du jour de la publication du présent arrêt, le
caffé ne puisse entrer dans le royaume que par la ville
de Marseille, et qu'en payant à l'entrée du port la
somme de dix sols de chaque livre pesant poids de
marc, oultre et par-dessus tous les anciens droits, et
qu'il soit levé et perçu à toutes les entrées du royaume,
aussi oultre les anciens droits, sçavoir : sur le Cacao, quinze sols de chaque livre pesant poids de
marc; sur chaque livre de thé, de quelque qualité
qu'il soit, dix livres; sur chaque livre de chocolat,
vingt sols; pareille somme sur chaque livre de sorbet,
et soixante sols sur chaque livre de vanille. Fait Sa
Majesté deffenses à toutes personnes de faire entrer du
caffé dans le royaume par d'autres ports et passages
que par Marseille, à peine de confiscation et de quinze

14

cens livres d'amende, déclarant à cet effet tous les autres ports et passages par terre, voyes obliques et défendues, à l'exception seulement du caffé qui sera trouvé sur les vaisseaux pris en mer sur les ennemis, qui seront conduits en d'autres ports que celuy de Marseille, dont en ce cas Sa Majesté a permis l'entrée par lesdits ports, en payant les mêmes droits qui seroient payez à Marseille. Fait très-expresses inhibitions et deffenses à maitre Pierre Pointeau, adjudicataire général des fermes unies, ses procureurs, commis et préposez, de faire aucune composition ni remise desdits droits, à peine d'en répondre en leurs propres et privez noms, et à la charge par ledit Pointeau et ses cautions d'en compter à Sa Majesté, oultre et par-dessus le prix de son bail. Ordonne néanmoins Sa Majesté que le caffé et le cacao, que les négocians voudront faire passer aux pais étrangers, seront reçus par forme d'entrepost, sçavoir : le caffé dans le port de Marseille, et le cacao dans ceux de Dunkerque, Dieppe, Roüen, Saint-Malo, Nantes, la Rochelle, Bordeaux et Bayonne, sans payer aucuns droits, à condition que ces marchandises seront déclarées à l'instant de leur arrivée aux commis des cinq grosses fermes, et mises en entrepost dans un magasin qui sera choisi pour cet effet et fermé à deux serrures et clefs différentes, l'une desquelles sera donnée en garde au commis du fermier, et l'autre sera mise entre les mains de celuy qui sera pour ce préposé par les marchands, sans que lesdits caffé et cacao puissent estre transportés hors du royaume, qu'en présence du commis des cinq grosses fermes, qui en délivrera un acquit à caution sur la déclaration et soumission des marchands, de rapporter certificat de la décharge desdites marchandises dans les lieux pour lesquels elles auront été déclarées, à peine de confiscation et de quinze cents livres d'amende. Enjoint Sa

Majesté aux sieurs intendans et commissaires départis dans les provinces et généralitez du royaume, de tenir la main à l'exécution du présent arrêt, qui sera lu, publié et affiché partout où il appartiendra, à ce que personne n'en prétende cause d'ignorance. Fait au conseil d'État du Roy, tenu à Versailles, le douzième jour de may mil six cent quatre-vingt treize.

Signé : Du Jardin.

N° 6.

Décembre 1704. — Suppression des communautez de limonadiers, marchands d'eau-de-vie et autres liqueurs établis tant en la ville de Paris que dans les autres villes du royaume, et création de cent cinquante privilèges héréditaires de ces mêmes marchands à Paris, et, dans les autres villes du royaume, tel nombre qu'il sera jugé à propos. Registré au Parlement le 9 janvier 1705.

Louis, par la grâce de Dieu, Roy de France et de Navarre, Dauphin de Viennois, comte de Valentinois et Dyois, Provence, Forcalquier et provinces adjacentes; à tous présens et à venir, salut. Nous avons par notre édit du mois de mars 1673, permis l'établissement de la communauté des limonadiers, ainsi que tous les autres arts et métiers; mais nous avons été informez que cette communauté est devenüe si nombreuse, surtout dans notre bonne ville de Paris, par la facilité que ceux qui embrassent cette profession trouvent à s'en instruire, et par le grand usage qui s'est introduit du caffé, thé, chocolat, qu'elle se trouve présentement fort à charge à notre ferme générale des aydes : à quoy désirant remédier et fixer à l'avenir le nombre de ceux qui pourront exercer cette profession dans toutes les villes de notre royaume. A ces causes, et autres à ce nous mouvant, de notre certaine science, pleine puissance et autorité royale, Nous avons, par notre présent édit, supprimé et supprimons les communautez des limonadiers, marchands d'eau-de-vie et

autres liqueurs, établis tant dans notre bonne ville de
Paris que dans les autres villes de notre royaume. Ordonnons que dans le premier avril prochain, les marchands limonadiers à présent établis, seront tenus de
fermer leurs boutiques; et leur faisons deffenses, passé
ledit jour, de vendre de l'eau-de-vie, esprit-de-vin et
autres liqueurs, à peine contre les contrevenants de
mille livres d'amende, confiscation des marchandises
et ustensiles servant à leur profession. Voulons que les
jurez syndics desdites communautez remettent entre
les mains du controlleur général de nos finances, les
quittances de finances que lesdits limonadiers Nous
ont payées jusqu'à présent, pour estre par Nous pourvû
à leur remboursement. Et du même pouvoir et autorité
que dessus, Nous avons créé et érigé cent cinquante
priviléges héréditaires de marchands limonadiers, vendeurs d'eau-de-vie, esprit-de-vin et autres liqueurs,
pour en exercer la profession dans notre bonne ville et
faubourgs de Paris, et, dans les autres villes principales
de notre royaume, le nombre qui sera jugé nécessaire
suivant les rolles qui en seront arrestez en notre Conseil. Voulons que les cent cinquante limonadiers fassent un seul et même corps de communautez, et qu'à
cet effet il leur soit expédié en notre chancellerie des
statuts conformes aux règlemens qui ont esté faits concernant l'exercice de cette profession. Voulons que les
acquereurs desdits priviléges les puissent exercer en
conséquence des quittances de finances qui leur seront fournies et délivrées par le trésorier de nos revenus casuels, en payant les sommes ausquelles nous en
aurons fixé la finance par les rolles que nous en ferons
arrêter en notre Conseil, et les deux sols pour livre sur
la quittance de celuy qui sera chargé d'en faire le recouvrement, sans qu'ils soient tenus de prendre aucunes
provisions de Nous, en prétant serment au lieutenant
44.

général de police, et faisant enregistrer en son greffe
leurs quittances de finances seulement. Voulons que
ceux qui auront acquis de Nous lesdits priviléges, les
puissent résigner, quand bon leur semblera, en faveur
de personnes expérimentées dans cette profession, lesquelles exerceront sur la simple démission et contrat
de vente du résignant, après avoir prêté serment comme
cy-dessus. Permettons à leurs veuves d'en continuer la
profession leur vie durant, en justifiant que le privilége
leur appartient, et faisant par elles leur déclaration au
greffe de la police seulement. Voulons que ceux qui
auront acquis lesdits priviléges ou ceux qui seront en
leurs droits, puissent seuls, à l'exclusion de toutes
sortes de personnes et communautez, vendre et distribuer par détail dans leurs boutiques, foires et marchez,
ou porter dans les maisons de ceux qui demanderont
du thé, caffé, chocolat, limonades, sorbet et autres
liqueurs composées avec l'eau naturelle, sucre, fleurs
et fruits glacez, rafraîchis ou autrement. Faisons très-
expresses deffenses à toutes sortes de personnes, marchands et autres, de vendre et donner à boire dans
leurs boutiques et autres lieux de leurs maisons, ny de
porter ailleurs aucunes des liqueurs cy-dessus, à peine
de confiscation et de cinq cens livres d'amende, applicable moitié à l'hôpital général, l'autre moitié aux
marchands limonadiers. Comme aussi faisons pareilles
deffenses à tous ceux qui logent dans les palais, hôtels,
le temple, colléges, abbayes, communautez et autres
enclos de notre dite ville de Paris, de vendre ny donner à boire desdites liqueurs, sous les mêmes peines.
Voulons qu'ils puissent vendre en gros et en détail des
vins d'Espagne, Canarie, d'Alicant, Saint-Laurent, La-
cioutat, Frontignan, et généralement toutes sortes de
vins de liqueurs, tant françois qu'étrangers, sans exclusion, néanmoins, de ceux qui sont en possession d'en

débiter. Auront pareillement la faculté de vendre et donner à boire de l'eau-de-vie, de l'esprit-de-vin, ensemble les liqueurs qui en sont composées, fenouillette, vatté, eau-de-cete, de mille-fleurs, de genièvre, orange, ratafia de fruits et de noyau, eaux cordiales et toutes sortes d'eaux composées avec eau-de-vie et esprit-de-vin, hipocras, d'eau et de vin, concurremment avec ceux qui sont en droit d'en vendre et donner à boire. Pourront aussi les propriétaires desdits priviléges vendre en gros et en détail du Chocolat en pain, tourteau et en dragées, du thé en feuilles, du caffé en grains, cacao, vanille; faire et composer le Chocolat, si bon leur semble, sans exclusion de ceux qui sont en possession d'en vendre en gros et en détail. Permettons, en attendant la vente desdits priviléges, à celuy que nous chargerons du recouvrement de la finance qui en proviendra, d'établir toutes personnes, et en tels lieux que bon luy semblera, pour les exercer. Voulons que ceux qui prêteront leurs deniers pour l'acquisition desdits priviléges, ayent un privilége et préférence à tous autres créanciers sur le prix d'iceux; auquel effet, mention en sera faite dans leurs quittances de finance par le trésorier de nos revenus casuels. Si donnons en mandement à nos amez et feaulx conseillers les gens tenant notre cour de parlement et cour des aydes à Paris, que notre présent édit ils aient à faire lire, publier et enregistrer, et le contenu en iceluy garder et observer selon sa forme et teneur sans y contrevenir ny permettre qu'il y soit contrevenu en quelque sorte et manière que ce soit, nonobstant tous édits, déclarations et autres choses à ce contraire, auxquelles Nous avons dérogé et dérogeons par le présent édit; aux copies duquel collationnées par l'un de nos amez et feaulx conseillers secrétaires. Voulons que foy soit ajoutée comme à l'original, car tel est notre plaisir; et ainsi que ce soit chose ferme et stable à toujours, Nous y avons fait mettre notre seel.

Donné à Versailles, au mois de décembre, l'an de grâce mil sept cent quatre, et de notre règne le soixante-deuxième. Signé : Louis. Et plus bas : Par le Roy, Phelypeaux; visa, Phelypeaux. Et scellé du grand sceau de cire verte, en lacs de soye rouge et verte.

Arrest (du 17 nov. 1711) qui ordonne que les Cacaos provenant de prises qui seront déclarez pour estre consommez dans le Royaume, payeront les droits de 15 sols par livre establis par l'Arrest du Conseil du 12 may 1693, outre les droits locaux qui seront acquittés à l'ordinaire.

Sur la requete présentée au Roy en son Conseil par Charles Ysembert, chargé de la Régie des cinq grosses Fermes, contenant qu'il est survenu des difficultez entre les adjudicataires des Cacaos provenant des prises amenées à Nantes par les vaisseaux *Le Jupiter*, *La Mutine* et *Le Fidelle* d'une part, et les Commis des Fermes de Nantes d'autre, au sujet des droits que doivent lesdits Cacaos à leur décharge, pour estre consommez dans le Royaume, les adjudicataires des Cacaos prétendant qu'aux termes de l'Arrest du Conseil du 9 juillet 1709 et des articles 3 et 4 de l'Arrest de reglement du 24 mars 1703 pour les prises, le Cacao comme droguerie ne doit payer dans les Provinces reputées étrangères que les droits locaux, et à l'entrée des cinq grosses Fermes les droits du tarif de 1664, puisque suivant l'article 3 du reglement de 1703 les drogueries au nombre desquelles est le Cacao peuvent estre consommées dans le Royaume en payant seulement les droits locaux et aux entrées des cinq grosses Fermes ceux du tarif de 1664. Les Commis du Bureau de Nantes prétendant au contraire que le Cacao provenant de prise déclaré pour estre consommé dans le Royaume est sujet aux droits portés par l'Arrest du Conseil du 12 may 1693, qui sont de quinze sols pour chacune livre pesant poids de marc outre les anciens droits. Que l'Arrest du Conseil du 9 juillet 1709 ne regarde en aucune manière la question dont il s'agit, puisqu'il n'est applicable et relatif qu'aux articles 2 et 4 du reglement de 1703, auxquels il a apporté quelque change- ment, mais qu'il ne peut avoir aucun rapport au Cacao. On convient qu'il est compris dans le nom gé- nérique des drogueries qui par l'article 3 du reglement du 24 mars 1703 ont la faculté d'estre consommées dans le Royaume en payant seulement les droits locaux dans les Provinces reputées étrangères, et ceux du tarif de 1664 aux entrées des cinq grosses Fermes, mais que cela ne doit pas faire conclure que le Cacao dont est question ne doit payer que les droits locaux ; s'il n'es- toit point intervenu d'Arrest qui change les droits sur le Cacao à toutes les entrées du Royaume, cette espece de marchandise seroit au cas des autres drogueries ; mais par l'Arrest du 12 may 1693, il est ordonné qu'il sera perçu quinze sols par livre sur le Cacao à toutes les entrées du Royaume. Ce droit a esté estably tant dans les Provinces reputées étrangères qu'aux entrées des cinq grosses Fermes. C'est une loy générale qui s'y est exécutée et qui s'exécute actuellement en Bre- tagne sur tout le Cacao qui y entre venant des Isles : en sorte que si la prétention des adjudicataires avoit lieu, il s'ensuivroit que le Cacao provenant de prise auroit plus de faveur que celuy provenant des Colonies Françoises : ce qui n'a point esté l'objet de l'Arrest du Conseil de 1703, parce que tout ce que Sa Majesté a eu intention de faire de plus favorable pour la Course a esté de mettre les marchandises de prise de niveau avec celles du cru des Colonies Françoises lorsqu'elles sont de même espèce.

A ces causes requiert ledit Ysembert qu'il plust à
Sa Majesté sur ce luy pourvoir, en expliquant ses intentions pour faire cesser les difficultés qui pourroient
pareillement naistre dans les autres ports du Royaume,
veu la requeste lesdits Arrests du Conseil des 12 may
1693, 24 mars 1703 et 9 juillet 1709, ensemble l'avis
des sieurs Commissaires du Conseil de Commerce. Ouy
le raport du sieur Desmaretz, Conseiller ordinaire au
Conseil Royal, Controlleur-Général des Finances.

Le Roy en son Conseil a ordonné et ordonne que les
propriétaires ou adjudicataires de Cacao provenant
des prises arrivées à Nantes, et qui ont esté déclarés
pour estre consommez dans le Royaume, seront tenus
de payer les droits de quinze sols par livre establis par
l'Arrest du Conseil du douze may mil six cent quatre-
vingt-treize, outre les droits locaux qui seront acquittés à l'ordinaire. Et sera le présent Arrest exécuté à
l'égard de tous les Cacaos provenans de prises qui seront déclarez pour estre consommez dans le Royaume.
Enjoint Sa Majesté aux sieurs Intendants, Commissaires
departis dans les Provinces et Généralitez du Royaume
de tenir la main à l'exécution du présent Arrest.

PHELIPPEAUX.   DESMARETZ.

A Versailles, le dix-sept novembre mil sept cent onze.

Nᵒ 8.

*Arrêt du Conseil d'État relatif à un différend survenu
entre les Négociants de Bordeaux et le Fermier du
domaine d'Occident, au sujet des droits de 3 °/₀ sur le
transport des Cacaos des îles d'Amérique.* (25 juin 1715).

Veu au Conseil d'État du Roy les requestes respec-
tivement présentées en iceluy, l'une par les Négociants
de la ville de Bordeaux, et l'autre par Louis Guigne,
Fermier du domaine d'Occident, sur le renvoy fait audit Conseil de la contravention entre les parties par
ordonnance du sieur de la Bourdonnaye, alors Commissaire departy en la généralité de Bordeaux, en
date du 18 février 1701. Celle desdits Négociants de
Bordeaux, contenant que par Arrest du Conseil du
12 may 1693 il avoit esté ordonné que le Cacao qui
seroit déclaré par entrepot pour sortir hors du Royaume
ne paieroit aucuns droits d'entrées. Cependant qu'au
mois de janvier 1699 ledit Guigne s'avisa de leur demander un droit de trois pour cent sur les Cacaos venant des Isles de l'Amérique, quoyque les précédents
fermiers du domaine d'Occident ne l'eussent pas fait
percevoir jusqu'à ce temps-là : ledit Guigne ayant
mesme cru depuis se devoir servir du prétexte de l'arrest du Conseil du 11 may 1700, qui ordonne que le
droit de trois pour cent sera levé à Bordeaux, conformément à celuy du 4 juin 1671 ; quoyque ledit arrest
du 11 may 1700 n'eust esté rendu que sur la contestation des prix sur lesquels ledit droit devoit estre
liquidé, et qu'il ne fist aucune mention du Cacao dé-

claré par entrepost; et que quand mesme cela seroit, il
y auroit une espèce d'impossibilité aux négocians de
Bordeaux de le précompter à ceux des Isles, dont ils
ne sont que les commissionnaires auxquels ils avoient
envoyé leurs comptes sans y comprendre ledit droit ny
en faire aucune réservation, parce qu'ils ne croyoient
pas qu'on le pust raisonnablement demander. Que
d'ailleurs lesdits négocians ne croyent pas qu'on soit
bien fondé à leur faire payer des droits qui ne leur ont
pas esté demandés depuis un si grand nombre d'années, desquels il ne leur a esté fait aucune demande
dans le temps, c'est-à-dire lorsque ces marchandises
ont esté déclarées à Bordeaux et avant leur enlèvement
par les marchands; qu'ainsy le receveur dudit fermier
a mal à propos et sans aucun fondement décerné des
contraintes contre eux pour le payement desdits droits
sur le Cacao déclaré par entrepost et envoyé à l'é-
tranger à la faveur dudit arrest du 12 may 1693; et
sur ces fondemens ils auroient requis qu'il plust à Sa
Majesté faire deffenses au fermier du domaine d'Occident de lever le droit de trois pour cent sur le Cacao
venant des Isles à Bordeaux par entrepost pour estre
transporté à l'étranger, conformément audit arrest du
Conseil du 12 may 1693, qui seroit exécuté selon sa
forme et teneur. — La requeste du fermier du domaine
d'Occident, contenant que suivant l'article 379 du bail
de Domergue, le droit de trois pour cent doit estre levé
en espèces sur les sucres, tabac, indigo et autres marchandises du cru des Isles françoises de l'Amérique en-
trans dans le royaume, jusqu'à ce que l'évaluation en
argent en ayt esté faite au Conseil. Que ce droit qui
avoit esté accordé à la Compagnie des Indes occidentales, à prendre en essence aux lieux de sa concession,
et qui estoit dans son origine de cinq pour cent, a esté
dans la suite réduit à trois pour cent par arrest du

15

Conseil du 4 juin 1671. Que depuis la réunion au domaine du Roy des droits de ladite Compagnie, celuy
de trois pour cent a esté levé en argent à toutes les
entrées du royaume sur le pied de l'estimation faite de
gré à gré chaque année avec les négocians, quoyqu'il
soit originairement et naturellement estably à prendre
en espèce et mesme dès la sortie des Isles. Que l'arrest
du 12 may 1693, duquel les négocians de Bordeaux
prétendent tirer avantage, n'accorde la faculté de l'entrepost sur le Cacao qu'à l'occasion des quinze sols par
livre de Cacao ordonné estre levés, à cause de la révo-
cation du privilége establi par édit du mois de janvier
1692, pour la vente des marchandises de caffé, thé,
sorbet, chocolat, cacao et vanille, et des boissons
faites desdites marchandises outre et par-dessus tous
les anciens droits, ce qui doit s'entendre, outre les
trois pour cent, dont le fermier du domaine d'Occident a droit de jouir sur toutes les marchandises et
denrées du cru des Isles. Cela est si vray, que tous les
négocians des autres ports du royaume ont continué
de payer ledit droit de trois pour cent audit fermier,
nonobstant ledit arrest du 12 may 1693, qui ne peut
regarder que les droits des cinq grosses fermes, et non
ceux du domaine d'Occident sur les marchandises qui
viennent des Isles françoises de l'Amérique, parce que
le droit de trois pour cent est un droit seigneurial et
local qui pourroit estre levé en espèces dès la sortie
des Isles, comme il l'estoit dans son origine par la
Compagnie des Indes occidentales; et la nature de ce
droit n'ayant pu changer par sa réduction de cinq
pour cent à trois pour cent, par sa réunion au domaine
du Roy et par la tolérance qu'on a eue depuis longtemps de ne le lever qu'à l'arrivée en France, au lieu
de le lever à la sortie des Isles, il ne doit pas être sujet
à l'entrepost accordé pour le Cacao par ledit arrest, qui

ne peut avoir lieu que pour les droits deus aux entrées
du royaume; que ledit arrest du 12 may 1693 porte
que le caffé et le cacao que les négocians voudront
faire passer aux pays étrangers seront receus par forme
d'entrepost, sçavoir : le caffé dans le port de Marseille,
et le Cacao dans ceux de Dunkerque, Dieppe, Rouen,
Saint-Malo, Nantes, la Rochelle, Bordeaux et Bayonne,
à condition que les marchandises seront déclarées à
l'instant de leur arrivée aux commis des cinq grosses
fermes et mises en l'entrepost dans un magasin, sans
que ledit caffé et cacao puissent estre transportés hors
du royaume qu'en présence du commis des cinq grosses
fermes, qui en délivrera un acquit à caution. Sur quoy
le fermier du domaine d'Occident observe que n'estant
question dans cet arrest que des formalités et des sû-
retés à prendre par les commis des cinq grosses fermes, l'entrepost ne peut s'entendre et ne peut avoir
lieu que pour les quinze sols par livre sur le Cacao
nouvellement establi par ledit arrest et pour les autres droits des cinq grosses fermes, et non pour le
droit local et seigneurial des trois pour cent du domaine d'Occident deu dès la sortie des Isles. Que d'ailleurs le fermier du domaine d'Occident doit en jouir
conformément à l'article 379 du bail de Domergue,
en conséquence des résultats du Conseil des 27 aoust
1697 et 26 juillet 1707, qui ayant esté rendus depuis
l'arrest du 12 may 1693, destruiroient la faculté de cet
entrepost, quand mesme elle regarderoit les trois pour
cent du domaine d'Occident, aussi bien que ceux des
cinq grosses fermes, puisqu'il n'y a eu aucune exception dans lesdits résultats. Que l'arrest du Conseil du
11 may 1700, rendu contradictoirement entre le fermier du domaine d'Occident et les négocians de Bordeaux, au sujet de l'évaluation sur laquelle le droit de
trois pour cent devroit estre levé, ordonne entre autres

choses que l'arrest du 4 juin 1671 sera exécuté selon
sa forme et teneur en ladite ville de Bordeaux, en ce
qui concerne ledit droit; et en conséquence a maintenu
et gardé ledit fermier dans la faculté de le lever en
essence sur les sucres et autres marchandises du cru
des Isles qui sont apportées dans ladite ville; si mieux
n'aiment les marchands convenir à l'amiable avec le
fermier, dans le mois d'octobre de chaque année, d'une
estimation sur le pied de laquelle il sera payé en argent. Et pour ce qui peut estre deu du passé depuis
le commencement du bail dudit fermier, c'est-à-dire
depuis le 1er octobre 1697, Sa Majesté ordonne que ledit
droit sera payé en argent sur le pied de la dernière estimation faite à la Rochelle. C'est une maxime si constante que, dans tous les passe-ports qui sont accordés
aux marchands qui envoyent des navires aux Isles,
il est expressément porté qu'ils feront leur retour en
France, où ils seront tenus de payer au fermier du
domaine d'Occident trois pour cent de la valeur de
toutes les marchandises qu'ils apporteront quittes de
fret, ce qui doit faire voir que les Cacaos des Isles de
l'Amérique, venus à Bordeaux et portés à l'étranger
depuis ledit arrest du 12 may 1693, ne sont point dans
le cas de l'entrepost accordé par ledit arrest. Cela est
si vray, que quand il arrive que nonobstant les règlemens qui deffendent que les marchandises des Isles
soient portées ailleurs qu'en France, il est de nécessité, dans des cas extraordinaires, de permettre qu'il
en soit porté directement des Isles à l'étranger ; le droit
de trois pour cent est payé dès la sortie des Isles.
Ainsy, soit que le Cacao, qui est une des marchandises
du cru des Isles, soit directement porté à l'étranger ou
qu'il ne le soit qu'après avoir passé par Bordeaux, il
doit toujours payer ledit droit de trois pour cent, attendu, comme dit est, que c'est un droit local et d'une

nature particulière auquel l'arrest du 12 may 1693 ne peut avoir aucune application. D'ailleurs les négocians de Bordeaux en imposent au Conseil, quand ils disent que ledit Guigne ne leur a jamais fait aucune demande dudit droit, puisqu'ils ont eux-mesmes exposé dans leurs requestes présentées au sieur de la Bourdonnaye, en 1700, que ledit Guigne prétendoit lever ledit droit de trois pour cent sur le Cacao arrivé à Bordeaux depuis le 1er janvier 1699, et qu'il avoit décerné des contraintes contre eux, ce qui est une preuve que le payement leur en a esté demandé; lesquelles contraintes ont eu pour fondement les déclarations faites par les capitaines ou propriétaires des navires à leur arrivée des Isles, et les registres de poids et autres tenus par les commis du bureau de Bordeaux. Que lesdits négocians ne peuvent prendre aucun avantage de ce qu'ils présupposent que ledit droit de trois pour cent sur le Cacao des Isles déclaré par entrepost n'a pas esté levé par les précédents fermiers du domaine d'Occident, parce que quand il seroit vray que la perception en a esté négligée, ce ne seroit pas un titre qui pust faire préjudice au droit adjugé audit Guigne, par son bail suivant lequel il en doit jouir, comme en ont deu jouir les précédents fermiers. Ce qui est une clause conservatoire des droits du Roy contre la négligence et deffaut d'attention des anciens fermiers, et que si on a esté pendant un si long temps sans estre payé dudit droit, ce n'a esté qu'à cause de l'indécision de l'instance qui a esté renvoyée au Conseil que les négocians de Bordeaux ont esloigné et esloignent autant qu'ils peuvent. Par ces considérations, le sieur Guigne auroit requis qu'il plust à Sa Majesté, en interprétant ledit arrest du Conseil du 12 may 1693, déclarer qu'elle n'a point entendu par ledit arrest décharger du droit de trois pour cent les Cacaos venant

des Isles de l'Amérique à Bordeaux, déclarés par entrepost pour estre transportez à l'étranger, et ordonner
que les négocians de ladite ville de Bordeaux payeront
ledit droit de trois pour cent au fermier du domaine
d'Occident pour tout le Cacao qu'ils auront fait venir
des Isles de l'Amérique à Bordeaux, par entrepost ou
autrement, depuis le commencement du bail dudit
Guigne. Veu aussy les arrests du Conseil du 4 juin
1071, 12 may 1693, et 11 may 1700, l'article 879 du
bail de Domergue, et copie d'un passe-port accordé
pour le navire *les Trois-Frères*, du 13 janvier 1701,
l'ordonnance du sieur de la Bourdonnaye, du 18 février 1701, ensemble les autres pièces et mémoires
produits par les parties.

Ouy le rapport du sieur Desmaretz, conseiller ordinaire au Conseil royal, controlleur général des finances;

Le Roy estant en son Conseil, a déclaré et déclare
n'avoir entendu comprendre dans la décharge des
droits accordés par l'arrest du Conseil du 12 may 1693,
en faveur du Cacao déclaré pour estre mis en entrepost
et transporté à l'étranger, celuy de trois pour cent
dont le fermier du domaine d'Occident a droit de jouir
sur toutes les marchandises et denrées du cru des Isles
françoises de l'Amérique arrivant dans les ports du
royaume; et en conséquence Sa Majesté a ordonné et
ordonne que les négocians de la ville de Bordeaux
payeront à François Traffane, fermier général du domaine d'Occident, subrogé au bail de Louis Guigne, le
droit de trois pour cent sur le Cacao du cru desdites
Isles, pour lequel il a esté fait des soumissions au bureau du domaine d'Occident, depuis le commencement
du bail dudit Guigne, soit que ledit Cacao ayt esté
déclaré par entrepost pour l'étranger, soit qu'il ayt
esté consommé dans le royaume, et ce suivant les li-
quidations qui en seront faites entre lesdits négocians

et le recoveur du domaine d'Occident à Bordeaux, sur
le pied des estimations des denrées desdites isles qui
ont esté suivies pour chaque année, et faute par lesdits Guigne et Traffane d'avoir tiré des soumissions
des négocians de Bordeaux, pour le payement dudit
droit de trois pour cent sur le Cacao déclaré pour l'é-
tranger s'il estoit ainsy ordonné; veut Sa Majesté que
lesdits négocians soyent tenus de payer ledit droit depuis le 1er janvier 1713, seulement sur les déclarations
qui ont esté faites à l'arrivée du Cacao au bureau du
fermier général des cinq grosses fermes. Enjoint Sa
Majesté, au sieur commissaire départi dans la généralité de Bordeaux, de tenir la main à l'exécution du
présent arrest.

VOYSIN.   DESMARETZ.

A Marly, le vingt-cinq juin mil sept cent quinze.

N° 9.

Arrest du Conseil d'Estat du Roy, qui fixe à quatre sols la livre pesant les droits d'entrée dans le royaume du Cacao provenant de l'isle de Carak. — Du 18 octobre 1729.

(Extrait des registres du Conseil d'Estat.)

Vu au Conseil d'Estat du Roy, l'arrest du 12 may 1693, qui ordonne entre autres choses qu'il sera levé et perçû à toutes les entrées du royaume, sur le Cacao, quinze sols de chaque livre pesant, outre et par-dessus les anciens droits; les lettres patentes du mois d'avril 1717, par l'article xix desquelles les droits sur le Cacao des Isles et colonies françoises ont esté modérez et fixez à dix livres du cent pesant. Et Sa Majesté estant informée que depuis la mortalité des Cacaoyers aux Isles françoises, les negociants, pour se dispenser de payer les droits de l'arrest du 12 may 1693, dus sur le Cacao du crû de l'estranger, prennent la précaution de faire passer le Cacao de l'isle de Carak aux Isles françoises, et de le déclarer ensuite tant aux bureaux du domaine d'Occident, lors du chargement pour le royaume, qu'à leur arrivée en France, pour estre du cru de la Martinique, et par ce moyen prétendent n'en acquitter les droits que sur le pied des lettres patentes de 1717, comme s'il estoit du crû des Isles, quoyqu'il n'en puisse provenir, les Cacaoyers n'estant pas encore en estat d'en produire; qu'il est important de réprimer cet abus, parce que si on laissoit jouir les Cacaos es-

trangers de la modération accordée en faveur de celuy
des Isles françoises, cela pourroit porter les habitans
desdites Isles à négliger la culture et la plantation des
Cacaoyers ; mais que le Cacao estant nécessaire pour
le commerce et la consommation du royaume, et ne
pouvant en venir du cru des Isles de quelques années,
il conviendroit de modérer pour un temps les droits
ordonnez estre perçus par l'arrest de 1693, sur le Cacao
du cru de l'estranger qui sera apporté dans le royaume,
à quoy Sa Majesté voulant pourvoir; ouy le rapport
du sieur le Pelletier, conseiller d'Estat ordinaire et au
Conseil royal, controlleur général des finances, le Roy,
en son Conseil, a réduit et modéré, pour le temps de
trois années, à commencer du jour et date du présent
arrest, les droits sur le Cacao de Carak, à quatre sols
la livre pesant, qui seront payez à toutes les entrées
du royaume, quand même ledit Cacao seroit apporté
sur des vaisseaux de retour des Isles et colonies françoises, à l'exception de celuy que les négocians dé-
clareront à l'arrivée vouloir faire passer à l'estranger,
lequel sera reçu par forme d'entrepot, ainsi et aux
mesmes conditions qu'il est porté en l'arrest du 12 may
1693. Fait Sa Majesté deffenses à tous négocians, capitaines, maitres de navires et autres, de déclarer ledit
Cacao de Carak estre du cru des Isles françoises, à
peine de confiscation. Fait au Conseil d'Estat du Roy,
tenu à Versailles le dix-huitième jour du mois d'octobre mil sept cent vingt-neuf. Collationné.

Signé : EYNARD.

Collationné à l'original par nous conseiller-secré-
taire du Roy, maison, couronne de France et de ses
finances.

N° 10.

Arrest du Conseil d'Estat du Roy, qui révoque celuy du
18 octobre dernier, et ordonne que les droits d'entrée
sur les Cacaos de l'isle des Caraques seront perçus sur le
pied qu'ils sont fixez par l'arrest du 12 may 1693. Et
que les Cacaos provenant des Isles et colonies françoises
acquitteront les droits reglez par les lettres patentes du
mois d'avril 1717, etc. Du 20 décembre 1729.

(Extrait des registres du Conseil d'Estat.)

Le Roy s'estant fait représenter l'arrest rendu en
son Conseil le 18 octobre dernier, qui fixe pour un
temps, à quatre sols de la livre pesant, les droits d'entrée du Cacao de Caraques, et Sa Majesté jugeant à
propos, par des considérations particulières, de resta-
blir les droits sur cette denrée sur le pied où ils estoient
avant ledit arrest; ouy le rapport du sieur le Pelletier,
conseiller d'Estat ordinaire et au Conseil royal, controlleur général des finances, le Roy, en son Conseil,
a révoqué et révoque ledit arrest du 18 octobre dernier; en conséquence a ordonné et ordonne qu'à commencer du jour de la publication du présent arrest, les
droits sur le Cacao de Caraques soient perçus ainsi et
de la mesme manière qu'il est porté par l'arrest du
12 may 1693. Veut en outre Sa Majesté, qu'il en soit
usé pour le Cacao venant des Isles et colonies françoises
de l'Amérique, conformément aux lettres patentes du
mois d'avril 1717, tant pour les droits que pour l'entrepôt. Fait au Conseil d'Estat du Roy, tenu à Marly

le vingtième jour du mois de décembre mil sept cent vingt-neuf. Collationné.

Signé : EYNARD.

Collationné à l'original, par nous, écuyer, conseiller secrétaire du Roy, maison, couronne de France et de ses finances.

N° 11.

Lettre de l'empereur Napoléon III au ministre d'État.

« Palais des Tuileries, le 5 janvier 1860.

» Monsieur le ministre,

» Malgré l'incertitude qui règne encore sur certains
» points de la politique étrangère, on peut prévoir
» avec confiance une solution pacifique. Le moment
» est donc venu de nous occuper des moyens d'impri-
» mer un grand essor aux diverses branches de la ri-
» chesse nationale.

» Je vous adresse dans ce but les bases d'un pro-
» gramme dont plusieurs parties devront recevoir l'ap-
» probation des Chambres, et sur lequel vous vous
» concerterez avec vos collègues, afin de préparer les
» mesures les plus propres à donner une vive impul-
» sion à l'agriculture, à l'industrie et au commerce.

» Depuis longtemps on proclame cette vérité qu'il
» faut multiplier les moyens d'échange pour rendre le
» commerce florissant; que, sans concurrence, l'in-
» dustrie reste stationnaire et conserve des prix élevés
» qui s'opposent aux progrès de la consommation; que,
» sans une industrie prospère qui développe les capi-
» taux, l'agriculture elle-même demeure dans l'en-
» fance. Tout s'enchaîne donc dans le développement
» successif des éléments de la prospérité publique !
» Mais la question essentielle est de savoir dans quelles
» limites l'État doit favoriser ces divers intérêts, et quel
» ordre de préférence il doit accorder à chacun d'eux.

» Ainsi, avant de développer notre commerce étran-
» ger par l'échange des produits, il faut améliorer
» notre agriculture et affranchir notre industrie de
» toutes les entraves intérieures qui la placent dans
» des conditions d'infériorité. Aujourd'hui, non-seu-
» lement nos grandes exploitations sont gênées par
» une foule de règlements restrictifs, mais encore le
» bien-être de ceux qui travaillent est loin d'être arrivé
» au développement qu'il a atteint dans un pays voisin.
» Il n'y a donc qu'un système général de bonne éco-
» nomie politique qui puisse, en créant la richesse na-
» tionale, répandre l'aisance dans la classe ouvrière.

» En ce qui touche l'agriculture, il faut la faire par-
» ticiper aux bienfaits des institutions de crédit : dé-
» fricher les forêts situées dans les plaines et reboiser
» les montagnes, affecter tous les ans une somme con-
» sidérable aux grands travaux de desséchement, d'ir-
» rigation et de défrichement. Ces travaux, transfor-
» mant les communaux incultes en terrains cultivés,
» enrichiront les communes sans appauvrir l'État, qui
» recouvrera ses avances par la vente d'une partie de
» ces terres rendues à l'agriculture.

» Pour encourager la production industrielle, il faut
» affranchir de tout droit les matières premières indis-
» pensables à l'industrie, et lui prêter, exceptionnelle-
» ment et à un taux modéré, comme on l'a déjà fait à
» l'agriculture pour le drainage, les capitaux qui l'ai-
» deront à perfectionner son matériel.

» Un des plus grands services à rendre au pays est
» de faciliter le transport des matières de première
» nécessité pour l'agriculture et l'industrie; à cet effet,
» le ministre des travaux publics fera exécuter le plus
» promptement possible les voies de communication,
» canaux, routes et chemins de fer qui auront surtout
» pour but d'amener la houille et les engrais sur les

» lieux où les besoins de la production les réclament,
» et il s'efforcera de réduire les tarifs en établissant
» une juste concurrence entre les canaux et les che-
» mins de fer.

» L'encouragement au commerce par la multiplica-
» tion des moyens d'échange viendra alors comme con-
» séquence naturelle des mesures précédentes. L'a-
» baissement successif de l'impôt sur les denrées de
» grande consommation sera donc une nécessité, ainsi
» que la substitution de droits protecteurs au système
» prohibitif qui limite nos relations commerciales.

» Par ces mesures, l'agriculture trouvera l'écoule-
» ment de ses produits; l'industrie, affranchie d'en-
» traves intérieures, aidée par le gouvernement, sti-
» mulée par la concurrence, luttera avantageusement
» avec les produits étrangers, et notre commerce, au
» lieu de languir, prendra un nouvel essor.

» Désirant avant tout que l'ordre soit maintenu dans
» nos finances, voici comment, sans en troubler l'équi-
» libre, ces améliorations pourraient être obtenues :

» La conclusion de la paix a permis de ne pas épuiser
» le montant de l'emprunt. Il reste une somme consi-
» dérable disponible qui, réunie à d'autres ressources,
» s'élève à environ 160 millions. En demandant au
» Corps législatif l'autorisation d'appliquer cette somme
» à de grands travaux publics et en la divisant en trois
» annuités, on aurait environ 50 millions par an à
» ajouter aux sommes considérables déjà portées an-
» nuellement au budget.

» Cette ressource extraordinaire nous facilitera non-
» seulement le prompt achèvement des chemins de fer,
» des canaux, des voies de navigation, des routes, des
» ports, mais elle nous permettra encore de relever en
» moins de temps nos cathédrales, nos églises, et d'en-
» courager dignement les sciences, les lettres et les arts.

» Pour compenser la perte qu'éprouvera momenta-
» nément le Trésor par la réduction des droits sur les
» matières premières et sur les denrées de grande con-
» sommation, notre budget offre la ressource de l'a-
» mortissement, qu'il suffit de suspendre jusqu'à ce
» que le revenu public, accru par l'augmentation du
» commerce, permette de faire fonctionner de nouveau
» l'amortissement.

» Ainsi, en résumé : — Suppression des droits sur
» la laine et les cotons ;

» — Réduction successive sur les sucres et les cafés ;

» — Amélioration énergiquement poursuivie des
» voies de communication ;

» — Réduction des droits sur les canaux, et par
» suite abaissement général des frais de transport ;

» — Prêts à l'agriculture et à l'industrie ;

» — Travaux considérables d'utilité publique ;

» — Suppression des prohibitions ;

» — Traités de commerce avec les puissances étran-
» gères ;

» Telles sont les bases générales du programme sur
» lequel je vous prie d'attirer l'attention de vos collè-
» gues, qui devront préparer sans retard les projets
» de loi destinés à le réaliser. Il obtiendra, j'en ai la
» ferme conviction, l'appui du Sénat et du Corps légis-
» latif, jaloux d'inaugurer avec moi une nouvelle ère
» de paix et d'en assurer les bienfaits à la France.

» Sur ce, je prie Dieu qu'il vous ait en sa sainte
» garde.

» Napoléon. »

N° 12.

Relevé des importations de Cacao et de Chocolat en France, pendant la période décennale 1849—1858.

(Extrait des tableaux officiels du commerce extérieur.)

Année 1849.

	PAYS DE PROVENANCE.	Quantités arrivées (1).	Quantités mises en consommation.	Valeurs actuelles à quantités mises en consom. (2).	Droits perçus.
CACAO.	Angleterre	79,062 kilog.	113 kilog.		
	Portugal	27,213	78		
	États-Unis, O. A. . . .	263,025	133,251		
	Haïti.	80,462	63,765		
	Cuba et P. R.	19,660	14,829		
	Saint-Thomas. . . .	15,578	23,350		
	Brésil.	1,478,837	1,004,027		
	Venezuela.	337,156	298,352		
	Pérou.	—	34,044		
	Chili.	65,709	61,064		
	Équateur.	576,545	278,563		
	Guadeloupe.	10,016	22,893		
	Martinique	156,071	140,973		
	Autres pays.	23,437	10,006		
		3,132,771 kilog.	2,085,208 kilog.	2,710,770 fr.	1,196,857 fr,

(1) Voir la note 1, page 280. — (2) Voir la note 2, page 281.

CHOCOLAT.		
Angleterre	719 kilog.	162 kilog.
Espagne	856	828
Etats-Sardes	327	467
Toscane	201	201
Suisse	4,067	478
Guadeloupe.	247	244
Martinique . . . ,	557	488
Autres pays.	473	493
	4,447 kilog.	3,061 kilog.
	45,305 fr.	4,949 fr.

Année 1850.

	PAYS DE PROVENANCE.	Quantités arrivées.	Quantités mises en consommation.	Valeurs actuelles des quantités mises en consommation.	Droits perçus.
CACAO.	Angleterre	17,015 kilog.	27 kilog.		
	Espagne	24,059	509		
	Etats-Unis	58,063	34,700		
	Haïti	73,145	23,145		
	Cuba et P. R.	23,869	16,507		
	Saint-Thomas	67,953	2,214		
	Brésil	1,330,484	1,211,847		
	Venezuela	511,380	317,444		
	Pérou	201,251	45,487		
	Equateur	243,221	245,821		
	Martinique	193,037	121,882		
	Autres pays	55,071	52,171		
		2,788,248 kilog.	2,068,424 kilog.	4,882,266 fr.	1,184,024 fr.
CHOCOLAT.	Espagne	1,110 kilog.	892 kilog.		
	Suisse	598	577		
	Guadeloupe	277	283		
	Martinique	736	742		
	Autres pays	1,279	1,110		
		4,000 kilog.	3,604 kilog.	18,200 fr.	3,970 fr.

Année 1851.

	PAYS DE PROVENANCE.	Quantités arrivées.	Quantités mises en consommation.	Valeurs actuelles des quantités mises en consommation.	Droits perçus.
CACAO.	Espagne	106,437 kilog.	49 kilog.		
	Etats-Unis	49,498	63,929		
	Venezuela.	732,531	407,826		
	Brésil.	1,553,032	1,254,838		
	Equateur.	495,697	229,323		
	Haïti	40,153	36,679		
	Cuba et P. R. . .	9,654	7,471		
	Martinique. . . .	156,358	143,281		
	Autres pays. . . .	72,809	32,968		
		2,866,460 kilog.	2,176,334 kilog.	1,980,464 fr.	1,261,082 fr.
CHOCOLAT.	Espagne	1,579 kilog.	1,169 kilog.		
	Suisse	605	582		
	Guadeloupe. . . .	149	449		
	Martinique. . . .	758	695		
	Autres pays. . . .	987	1,016		
		3,978	3,611	18,055 fr.	6,056 fr.

Année 1852.

PAYS DE PROVENANCE.	Quantités arrivées.	Quantités mises en consommation.	Valeurs actuelles des quantités mises en consommation.	Droits perçus.
CACAO.				
Portugal	110,902 kilog.	99 kilog.		
Etats-Unis	32,657	80,856		
Nouvelle-Grenade . .	57,520	16,463		
Venezuela.	510,881	459,366		
Brésil.	1,564,296	1,639,853		
Equateur.	385,269	114,209		
Haïti.	146,180	62,624		
Cuba et P. R.	490,133	36,390		
Martinique.	113,060	178,532		
Autres pays.	89,437	78,429		
	3,494,034 kilog.	2,666,844 kilog.	2,418,130 fr.	1,564,379 fr.
CHOCOLAT.				
Espagne	4,567 kilog.	4,395 kilog.		
Suisse	1,178	898		
Brésil.	384	574		
Guadeloupe.	202	234		
Martinique.	908	903		
Autres pays.	1,281	1,177		
	5,520 kilog.	5,078 kilog.	25,390 fr.	8,527 fr.

Année 1853.

	PAYS DE PROVENANCE.	Quantités arrivées.	Quantités mises en consommation.	Valeurs actuelles des quantités mises en consommation.	Droits perçus.
CACAO.	Angleterre	22,844 kilog.	190 kilog.		
	Portugal	25,948	444		
	Etats-Unis	367,085	433,622		
	Nouvelle-Grenade . .	54,264	53,916		
	Venezuela	783,223	572,472		
	Brésil	1,749,416	1,628,026		
	Chili	38,264	34,950		
	Equateur	186,522	457,508		
	Haïti	456,966	179,484		
	Cuba et P. R. . . .	403,977	107,451		
	Saint-Thomas . . .	29,432	24,226		
	Martinique	208,797	200,360		
	Autres pays	24,652	25,174		
		3,754,057 kilog.	3,107,523 kilog.	3,791,178 fr.	1,847,377 fr.
CHOCOLAT.	Espagne	1,490 kilog.	1,254 kilog.		
	Suisse	2,161	987		
	Martinique	4,310	1,181		
	Autres pays	1,824	1,421		
		6,785 kilog.	4,843 kilog.	19,372 fr.	8,127 fr.

Année 1854.

	PAYS DE PROVENANCE	Quantités arrivées.	Quantités mises en consommation.	Valeurs actuelles des quantités mises en consommation.	Droits perçus.
CACAO.	Angleterre	44,843 kilog.	100 kilog.		
	Portugal	25,550	107		
	Espagne	28,384	29		
	États-Unis	74,086	246,069		
	Venezuela	716,769	624,761		
	Brésil	1,630,425	4,875,680		
	Chili	214,294	99,483		
	Pérou	23,010	—		
	Équateur	263,633	120,447		
	Haïti	353,694	218,887		
	Cuba et P. R.	344,554	286,403		
	Saint-Thomas	63,906	32,546		
	Guadeloupe	30,201	14,338		
	Martinique	393,504	186,286		
	Autres pays	16,344	8,538		
		4,222,964 kilog.	3,713,373 kilog.	3,527,704 fr.	2,152,943 fr.
CHOCOLAT.	Espagne	4,839 kilog.	4,644 kilog.		
	Suisse	1,590	4,046		
	Martinique	5,943	4,071		
	Autres pays	3,364	4,874		
		42,733	5,632	22,528 fr.	9,486 fr.

Année 1855.

	PAYS DE PROVENANCE.	Quantités arrivées.	Quantités mises en consommation.	Valeurs actuelles des quantités mises en consommation.	Droits perçus.
CACAO.	Belgique	42,754 kilog.	1 kilog.		
	Angleterre	47,275	463		
	Etats-Sardes	57,264	3,270		
	Etats-Unis	74,144	61,996		
	Venezuela.	600,431	938,309		
	Brésil.	2,049,694	2,208,290		
	Chili	873	110,833		
	Equateur	250,876	320,598		
	Haïti.	372,502	324,887		
	Cuba et P. R. . . .	44,049	197,859		
	Saint-Thomas. . . .	34,143	56,306		
	Guadeloupe.	19,512	34,433		
	Martinique	335,532	202,471		
	Autres pays.	49,784	29,777		
		3,973,128 kilog.	4,489,133 kilog.	6,733,700 fr.	2,702,799 fr.
CHOCOLAT.	Espagne	2,567 kilog.	4,734 kilog.		
	Suisse	1,232	986		
	Martinique	4,093	1,095		
	Autres pays.	5,304	1,657		
		10,496 kilog.	5,469 kilog.	21,876 fr.	9,728 fr.

Année 1856.

	PAYS DE PROVENANCE.	Quantités arrivées.	Quantités mises en consommation.	Valeurs actuelles des quantités mises en consommation.	Droits perçus.
CACAO.	Villes anséatiques. .	335,631 kilog.	58,726 kilog.		
	Angleterre	848,397	453,969		
	Espagne	164,633	91		
	États-Unis	137,944	104,591		
	Venezuela.	304,784	481,397		
	Brésil.	2,266,972	4,574,685		
	Chili.	119,511	64,342		
	Pérou.	168,684	47,008		
	Équateur.	749,573	653,400		
	Haïti.	387,429	199,086		
	Cuba et P. R. . . .	444,955	484,238		
	Saint-Thomas . . .	80,235	75,802		
	Martinique	444,546	464,705		
	Autres pays. . . .	436,742	94,065		
		6,220,703 kilog.	4,147,405 kilog.	7,050,079 fr.	2,702,600 fr.
CHOCOLAT.	Espagne	2,030 kilog.	1,692 kilog.		
	Brésil.	1,427	932		
	Martinique	676	710		
	Autres pays. . . .	5,673	3,288		
		9,806 kilog.	6,622 kilog.	33,110 fr.	40,210 fr.

Année 1857.

	PAYS DE PROVENANCE	Quantités arrivées.	Quantités mises en consommation.	Valeurs actuelles des quantités mises en consommation.	Droits perçus.
CACAO.	Angleterre	9,754 kilog.	64,590		
	Espagne	84,747	43,959		
	Venezuela	815,036	344,473		
	Brésil	2,244,404	1,739,900		
	Chili	60,799	82,530		
	Equateur	577,762	186,902		
	Haïti.	446,711	200,212		
	Cuba et P. R. . . .	420,344	334,375		
	Guyane anglaise . . .	86,391	72,348		
	Saint-Thomas	93,106	30,973		
	Guadeloupe. . . .	40,205	35,132		
	Martinique	351,619	226,412		
	Autres pays.	109,664	57,723		
		5,304,207 kilog.	3,412,929 kilog.	6,484,565 fr.	2,180,084 fr.
CHOCOLAT.	Espagne.	2,052 kilog.	4,727 kilog.		
	Suisse.	802	434		
	Martinique	607	529		
	Autres pays.	2,678	4,727		
		6,439 kilog.	4,417	20,585 fr.	7,549 fr.

16

Année 1858.

	PAYS DE PROVENANCE.	Quantités arrivées.	Quantités mises en consommation.	Valeurs actuelles des quantités mises en consommation.	Droits perçus.
CACAO.	Angleterre	313,391 kilog.	220,450 kilog.		
	Espagne	124,346	8,384		
	Venezuela.	645,878	514,906		
	Brésil.	2,600,496	1,736,651		
	Chili	405,909	103,800		
	Equateur.	405,209	112,533		
	Haïti.	536,068	234,484		
	Cuba et P. R. . . .	506,054	580,044		
	Guadeloupe	149,797	35,343		
	Martinique	275,893	159,748		
	Autres pays.	136,639	434,970		
		5,896,216 kilog.	3,835,003 kilog.	5,752,505 fr.	2,502,620 fr.
CHOCOLAT	Angleterre	886 kilog.	383 kilog.		
	Espagne	1,733	4,603		
	Suisse . . .	664	99		
	Autres pays. . . .	1,603	2,029		
		4,883 kilog.	4,379 kilog.	4,648 fr.	7,626 fr.

Nº 12.

Relevé des exportations de Cacao et de Chocolat pendant la même période décennale.

Année 1849.

PAYS DE DESTINATION.	Commerce général (1), quantités exportées.	Commerce spécial.	Valeurs annuelles des marchandises qui figurent au commerce spécial (2).	Droits perçus.
CACAO.				
Russie. M. N. ...	7,067 kilog.	kilog.		
Russie. M. B. ...	5,449	—		
Danemark ...	14,218	—		
Association allemande	8,465	—		
Pays-Bas ...	24,198	—		
Belgique ...	21,809	—		
Villes hanséatiques.	33,227	—		
Angleterre ...	29,899	29,899		
Autriche ...	21,169	—		
Deux-Siciles ...	45,848 kilog.	—		
Espagne ...	212,569	—		
États sardes ...	50,624	—		
Toscane ...	48,449	—		
États romains ...	18,831	—		
Suisse ...	143,452	—		
Algérie ...	4,644	—		
Mexique ...	14,893	—		
Autres pays ...	3,044	—		
	677,425 kilog.	29,899 kilog.	38,869 fr.	82 fr.

CHOCOLAT et CACAO BROYÉ.	299 kilog.	299 kilog.
Russie. M. N.	260	260
Russie. M. B.	571	491
Association allemande	4,199	4,199
Pays-Bas.	2,046	2,003
Belgique.	4,542	4,352
Angleterre	266	261
Suisse.	4,334	4,334
Turquie.	371	371
Égypte.	4,496	4,496
Algérie.	623	623
Indes anglaises.	2,665	2,413
États-Unis	4,424	4,424
Brésil.	2,304	2,304
Sénégal.		
Autres pays.	4,899	4,797
	24,433 kilog.	23,524 kilog.
	117,605 fr.	45 fr.

(1) Dans le *Tableau officiel du commerce extérieur de la France*, publié chaque année par l'administration des douanes, la distinction du commerce général et du commerce spécial s'applique également à l'importation et à l'exportation. A l'importation, le commerce général embrasse tout ce qui arrive de l'étranger et de nos colonies, par terre et par mer, sans égard ni à l'origine première des marchandises, ni à leur destination ultérieure, soit pour la consommation, soit pour l'entrepôt, le transit ou la réexportation. Le commerce spécial ne comprend que ce qui est entré dans la consommation intérieure du pays. On comprend, d'après cela, que les chiffres de certains articles présentés au commerce spécial puissent être et, de fait, soient quelquefois supérieurs à ceux qui

figurent au COMMERCE GÉNÉRAL. C'est ce qu'on a pu remarquer plus d'une fois dans le tableau ci-dessus des importations en Cacao et Chocolat. En effet, les marchandises qui entrent dans la consommation sont, en partie, extraites des entrepôts et, dès lors, ne sont reprises au COMMERCE SPÉCIAL qu'après avoir figuré dans les comptes antérieurs du commerce général. Mais de telles différences ne se produisent et ne sauraient exister qu'à l'importation.

A l'exportation, le COMMERCE GÉNÉRAL se compose de toutes les marchandises qui passent à l'étranger, sans distinction d'origine, soit française, soit étrangère. Le commerce spécial comprend seulement les marchandises nationales et celles qui, après avoir été nationalisées par le payement des droits d'entrée ou autrement, sont exportées. Ici les chiffres du COMMERCE GÉNÉRAL sont nécessairement supérieurs ou égaux à ceux du COMMERCE SPÉCIAL.

(2) Les VALEURS ACTUELLES, établies, avec l'aide des Chambres de commerce, par une commission établie, à titre permanent, près le ministère de l'agriculture, du commerce et des travaux publics, représentent approximativement le prix moyen de chaque groupe ou espèce de marchandises, pour l'année à laquelle se rapporte la publication du tableau de commerce dans lequel elles figurent.

16.

Année 1850.

CACAO.

PAYS DE DESTINATION.	QUANTITÉS EXPORTÉES.		Valeurs actuelles des quantités figurant au commerce spécial.	Droits payés.
	Commerce général.	Commerce spécial.		
Russie, M. B.	8,449 kilog.	—		
Pays-Bas.	18,553	—		
Villes hanséatiques. . .	109,395	40,500		
Angleterre.	78,677	75,405		
Deux-Siciles	40,296	—		
Espagne	159,505	986		
États sardes	247,485	—		
Toscane.	40,954	—		
États romains.	46,509	—		
Suisse	76,377	—		
Algérie.	43,455	267		
Cuba et P. R.	40,877	—		
Mexique	5,446	—		
Autres pays.	8,746	33		
	773,944 kilog.	86,211 kilog.	68,969 fr.	235 fr.

CHOCOLAT et CACAO BROYÉ.	240 kilog.	240 kilog.
Russie. M. N.	4,076	4,076
Association allemande	2,443	2,418
Belgique	5,185	5,111
Angleterre	546	436
États sardes	4,382	1,367
Turquie.	420	420
Égypte	8,713	8,713
Algérie.	455	455
Indes anglaises.	2,287	2,287
États-Unis. O. A.	4,750	4,750
États-Unis. O. P.	1,293	1,293
Brésil.	944	944
Mexique	1,682	1,682
Sénégal.	3,829	3,666
Autres pays.	32,477 kilog.	34,828 kilog.

159,140 fr.

52 fr.

Année 1851.

CACAO.

PAYS DE DESTINATION.	QUANTITÉS EXPORTÉES.		Valeurs actuelles des quantités figurant au commerce spécial.	Droits perçus.
	Commerce général.	Commerce spéc al.		
		kilog.		
Russie. M. B.	11,560 kilog.	—		
Association allemande	7,492	—		
Pays-Bas.	5,415	3,177		
Belgique.	18,786	29		
Villes hanséatiques.	33,718	33,088		
Angleterre	68,582	62,171		
Autriche	16,766	—		
Deux-Siciles	21,974	—		
Espagne	62,351	205		
États sardes	188,310	21		
Toscane.	29,896	—		
Suisse.	55,709	—		
États romains. . . .	11,928	—		
Mexique	3,630	—		
Algérie	2,566	1,030		
Autres pays.	2,907	—		
	540,990 kilog.	99,731 kilog.	79,825 fr.	272 fr.

		1.964 kilog.	1.964 kilog.	
CHOCOLAT et CACAO BROYÉ.	Russie. M. B.	4,063	4,049	
	Belgique	5,121	5,088	
	Angleterre	939	913	
	Etats sardes	668	668	
	Turquie.	826	823	
	Egypte.	620	620	
	Ile Maurice. . . .	1,968	4,965	
	Etats-Unis, O. A. . .	812	772	
	Etats-Unis, O. P. . .	969	969	
	Brésil.	8,393	8,393	
	Algérie.	836	836	
	Bourbon	1,313	1,313	
	Sénégal (Saint-Louis).	6,421	6,165	
	Autres pays.			
		34,913 kilog.	34,538 kilog.	172,690 fr.

59 fr.

Année 1852.

CACAO.

PAYS DE DESTINATION.	QUANTITÉS EXPORTÉES.		Valeurs actuelles des quantités figurant au commerce spécial.	Droits payés.
	Commerce général.	Commerce spécial.		
Russie, M. B.	7,340 kilog.	— kilog.		
Pays-Bas.	7,205	3,922		
Belgique	2,612	22		
Villes hanséatiques. .	26,430	25,786		
Angleterre	194,360	114,664		
Autriche.	13,401	102		
Deux-Siciles	9,193	—		
Espagne	48,742	892		
États sardes	118,996	11		
Toscane.	21,745	—		
Suisse	83,718	—		
États romains. . . .	10,576	—		
États-Unis. O. A. . .	3,220	3,220		
Mexique	91,052	—		
Algérie.	2,377	2,377		
Autres pays.	6,075	32		
	576,720 kilog.	150,428 kilog.	420,312 fr.	407 fr.

CHOCOLAT et CACAO BROYÉ.	797 kilog.	797 kilog.
Russie, M. B.	5,335	5,255
Belgique	5,547	5,525
Angleterre	1,321	1,260
États sardes	878	878
Indes anglaises. . . .	3,595	3,518
États-Unis, O. A. . .	936	836
États-Unis, O. P. . .	925	864
Brésil.	787	787
Indes françaises. . . .	11,940	11,316
Algérie.	1,538	1,538
Île de la Réunion. . .	1,484	1,484
Sénégal, G.	8,449	8,047
Autres pays.		
	43,202 kilog.	42,075 kilog.

210,375 fr.

66 fr.

Année 1853.

CACAO.

PAYS DE DESTINATION.	QUANTITÉS EXPORTÉES.		Valeurs actuelles des quantités à l'égard au commerce spécial.	Droits perçus.
	Commerce général.	Commerce spécial.		
Russie, M. B.	11,918 kilog.	272 kilog.		
Association allemande	14,179	37		
Pays-Bas.	16,323	—		
Belgique.	2,161	178		
Villes hanséatiques. .	123,434	17,921		
Angleterre	187,381	74,026		
Deux-Siciles	11,474	—		
Espagne	51,205	320		
États sardes	104,026	—		
Toscane	11,453	—		
Suisse	101,284	1		
États romains . . .	12,057	—		
Mexique	11,376	—		
Autres pays.	6,544	965		
	664,815 kilog.	93,723 kilog.	89,037 fr.	256 fr.

CHOCOLAT et CACAO BROYÉ.		101 fr.
		231,412 fr.
Association allemande	4,227 kilog.	1,311 kilog.
Belgique	6,850	6,746
Angleterre	7,651	6,810
Etats sardes	2,408	2,095
Turquie	1,085	1,020
Ile Maurice	1,037	1,037
Indes anglaises	2,690	2,690
Chine	2,342	2,312
Etats-Unis, O. A.	4,395	4,395
Etats-Unis, O. P.	1,486	1,286
Brésil	1,434	1,359
Algérie	12,353	12,353
Martinique	1,103	1,103
Ile de la Réunion	2,169	2,169
Sénégal (Saint-Louis)	1,068	1,068
Autres pays	40,349	40,091
	59,347 kilog.	57,778 kilog.

17

Année 1854.

CACAO.

PAYS DE DESTINATION.	QUANTITÉS EXPORTÉES.		Valeurs actuelles des quantités figurant au commerce spécial.	Droits perçus.
	Commerce général.	Commerce spécial.		
	kilog.	kilog.		
Association allemande	3,587	—		
Pays-Bas.	21,407	—		
Villes hanséatiques.	46,729	14,493		
Angleterre	125,914	120,172		
Deux-Siciles	30,271	—		
Espagne	54,951	1,197		
États sardes . . .	104,061	167		
Toscane.	46,611	—		
Suisse	73,900	17		
États romains	15,366	—		
Turquie.	1,232	25		
Mexique	22,936	—		
Autres pays. . . .	4,533	880		
	518,093 kilog.	136,651 kilog.	136,651 fr.	372 fr.

CHOCOLAT et CACAO BROYÉ.		
Association allemande	1,335 kilog.	1,335 kilog.
Belgique	9,444	9,399
Angleterre	8,932	8,573
Etats sardes	1,825	1,737
Turquie	3,439	3,494
Ile Maurice	1,105	4,103
Indes hollandaises	4,138	538
Etats-Unis	10,189	9,908
Brésil	4,945	4,716
Algérie	19,613	19,608
Guadeloupe	969	969
Martinique	4,345	4,345
Ile de la Réunion	1,341	1,341
Sénégal	1,816	1,816
Autres pays	41,631	41,316
	76,094 kilog.	73,800 kilog.
	295.200 fr.	128 fr.

Année 1855.

CACAO.

PAYS DE DESTINATION.	QUANTITÉS EXPORTÉES.		Valeurs actuelles des quantités figurant au commerce spécial.	Droits perçus.
	Commerce général.	Commerce spécial.		
Association allemande	8,371 kilog.	2 kilog.		
Pays-Bas	60,447	—		
Belgique	23,625	4		
Villes hanséatiques .	22,838	—		
Angleterre	141,810	141,803		
Autriche	22,633	—		
Deux-Siciles . . .	66,239	—		
Espagne	40,896	326		
États sardes . . .	205,178	11		
Toscane	102,989	—		
Suisse	99,326	2		
États romains . . .	44,037	—		
Mexique	57,749	—		
Autres pays. . . .	11,448	1,555		
	907,826 kilog.	141,403 kilog.	213,105 fr.	441 fr.

CHOCOLAT et CACAO BROYÉ.		
Russie. M. N.	35,054 kilog.	5,234 kilog.
Association allemande	2,897	2,896
Belgique	7,633	7,499
Angleterre	10,376	10,484
Deux-Siciles	2,350	571
États sardes	2,566	2,461
Toscane	2,063	125
Turquie.	36,028	35,042
Chine.	4,639	1,639
États-Unis	8,270	7,261
Brésil.	2,858	2,843
Chili.	2,254	2,254
Algérie	27,405	27,402
île de la Réunion. .	1,509	1,509
Sénégal.	1,598	1,598
Autres pays	14,578	10,608
	126,078 kilog.	118,093 kilog.
	354,279 fr.	211 fr.

Année 1856.

PAYS DE DESTINATION.	QUANTITÉS EXPORTÉES.		Valeurs actuelles des quantités portées au commerce spécial.	Droits perçus.
	Commerce général.	Commerce spécial.		
	kilog.	kilog.		
CACAO.				
Russie	5,483	—		
Pays-Bas.	119,954	48		
Belgique	48,523	—		
Villes hanséatiques.	87,944	—		
Angleterre	332,625	171,584		
Autriche	100	2		
Deux-Siciles	84,940	—		
Espagne	153,640	713		
États sardes	159,301	402		
Toscane	42,169	—		
Suisse	222,244	7		
États romains . . .	52,448	—		
Algérie.	5,155	2,575		
Autres pays.	24,306	2,939		
	1,305,899 kilog.	177,940 kilog.	320,292 fr.	526 fr.

CHOCOLAT et CACAO BROYÉ.		
		421 fr.
	486,090 fr.	
Russie	2,087 kilog.	2,082 kilog.
Association allemande	3,205	2,173
Pays-Bas	366	366
Belgique	10,711	10,677
Angleterre	76,467	73,107
États sardes	2,578	2,578
Toscane	559	559
Turquie	26,952	26,854
Ile Maurice	5,925	5,545
Indes anglaises	780	780
Indes hollandaises	439	439
Chine	245	245
États-Unis	2,361	2,237
Brésil	3,124	2,924
Chili	3,496	3,296
Algérie	47,361	47,361
Guadeloupe	66	66
Martinique	421	421
Ile de la Réunion	4,136	4,136
Sénégal	3,478	3,478
Autres pays	6,333	6,006
	167,791 kilog.	162,030 kilog.

Année 1857.

PAYS DE DESTINATION.	QUANTITÉS EXPORTÉES.		Valeurs actuelles des quantités portées au commerce spécial.	Droits perçus.
	Commerce général.	Commerce spécial.		
	kilog.	kilog.		
CACAO.				
Russie, M. N.	11,785	146		
Russie, M. B.	45,594	—		
Association allemande	20,215	—		
Pays-Bas	111,007	—		
Belgique	34,444	—		
Villes hanséatiques .	188,080	—		
Angleterre	448,683	251,176		
Autriche	47,501	—		
Deux-Siciles	34,812	—		
Etats sardes	897,243	146		
Toscane	19,872	—		
Suisse	83,577	17		
Etats romains . . .	18,040	—		
Autres pays.	17,360	4,142		
	2,108,627 kilog.	255,627 kilog.	585,691 fr.	709 fr.

CHOCOLAT et CACAO BROYÉ.		191 fr.
		355,208 fr.
Russie, M. B.	2,720 kilog.	2,720 kilog.
Association allemande	3,736	3,722
Belgique	14,155	11,118
Angleterre	12,073	11,996
Etats sardes	3,030	2,855
Turquie.	3,825	3,588
Ile Maurice.	2,418	2,448
Chine.	4,979	4,979
Etats-Unis	4,912	4,912
Brésil.	2,419	2,410
Chili.	2,236	1,738
Algérie.	1,759	1,759
Ile de la Réunion. .	27,753	27,734
Sénégal (Saint-Louis).	3,099	3,029
Autres pays	4,221	1,221
	12,749	12,372
	100,014 kilog.	98,631 kilog.

47.

Année 1858.

CACAO.

PAYS DE DESTINATION.	QUANTITÉS EXPORTÉES.		Valeurs annuelles des quantités portées au commerce spécial.	Droits perçus.
	Commerce général.	Commerce spécial.		
Russie, M. B.	9,067 kilog.	200 kilog.		
Association allemande	10,454	—		
Pays-Bas.	32,454	—		
Belgique.	7,220	—		
Villes hanséatiques.	10,342	—		
Angleterre.	496,472	—		
Autriche.	14,854	—		
Deux-Sicile.	132,484	—		
Espagne	20,657	—		
États sardes	420,471	4		
Toscane.	42,193	—		
Suisse	200,677	—		
États romains	59,085	—		
Mexique	16,824	—		
Autres pays.	14,357	2,596		
	884,004 kilog.	2,800 kilog.	3,640 fr.	—

CHOCOLAT et CACAO BROYÉ.			
Russie, M. B.	3,074 kilog.	3,074 kilog.	
Association allemande	5,806	5,782	
Belgique	7,405	7,405	
Angleterre	16,454	13,913	
Etats sardes	2,395	2,395	
Turquie.	4,405	4,216	
Egypte.	1,558	1,558	
Ile Maurice.	5,737	5,737	
Indes anglaises. . . .	1,876	1,722	
Océanie.	2,643	2,641	
Etats-Unis	2,744	2,714	
Brésil.	3,063	2,936	
Rio de la Plata. . . .	4,959	4,347	
Algérie.	24,989	24,988	
Sénégal.	1,871	1,871	
Autres pays.	12,400	11,928	
	95,773 kilog.	94,047 kilog.	282,054 fr.

LA LÉGENDE

DU CACAHUATL

LETTRE A M. LOUIS PARIS

SUR LES PRÉPARATIONS DU CACAO AU TEMPS DES ANCIENS MEXICAINS

PAR

M. FERDINAND DENIS

Conservateur de la bibliothèque Sainte-Geneviève.

LA LÉGENDE DU CACAHUATL

SUR LES PRÉPARATIONS DU CACAO AU TEMPS DES ANCIENS MEXICAINS.

CHER MONSIEUR,

Vous croyez, je le vois bien, que j'ai conservé quelques intelligences dans les offices du sage Netzahuat-Coyotlzin, le Salomon de l'empire d'Anahuac (a), et que je ne suis pas resté étranger à la science culinaire telle qu'elle était pratiquée par l'illustre Papantzin, le maître des maîtres mexicains. Vous supposez qu'à l'aide de quelque chapitre retrouvé du Thesamaxtli, le livre divin, où toute chose connue était consignée chez les Aztèques, je pourrai vous dévoiler les origines obscures de ce *Theobroma*, que Linné a si justement nommé la boisson divine, et que nous appelons tout simplement le Chocolat, en souvenir d'une onomatopée dont nous avons adouci le son quelque peu barbare. Il est sans doute heureux pour la science que nos petits-neveux sachent à n'en pouvoir douter que Chocolat vient de *Tchotcolatl*, prononcé gutturalement; mais ce qui est vraiment regrettable, ce qui est perdu à tout jamais, croyez-le bien, à moins que vous, Monsieur, qui

découvrez tant de choses, vous ne le découvriez, c'est
le livre encyclopédique des Aztèques, que liraient
aujourd'hui si couramment le savant M. Aubin ou
le docte Ramirez. L'honnête Zumarragua (b), dans
un zèle par trop aveugle, l'a fait brûler avec des
milliers d'autres livres. Nous ne possédons pas,
malheureusement, non plus les procès-verbaux
hiéroglyphiques de cette belle académie qui avait
son siége dans le palais de Tezcuco, l'Athènes de
l'Anahuac (c); académie divisée, comme notre Insti-
tut, en sections diverses, et où bien certainement le
Chocolat ne pouvait être oublié. Nous avons perdu
jusqu'aux savants discours que faisaient à leurs
nombreux auditeurs Topatzin, le grand botaniste, et
Cocahuatzin, le zoologue profond; tout est perdu, et
force nous est, pour expliquer les curieuses origines
que vous me demandez, de recourir aux descendants
des soi-disant civilisés, qui, en immolant un peuple
prétendu barbare, nous ont conservé, par compen-
sation, le Chocolat. Aux yeux de bien des gourmets,
je le sais, et notamment aux yeux de Brillat-Savarin, cela suffirait de reste pour absoudre une nation
de bien des iniquités; mais ce n'est pas du panégy-
rique des *conquistadors* espagnols qu'il s'agit en ce
moment. Qui peut d'ailleurs songer aujourd'hui, en
croquant une délicieuse praline de Cacao vanillé, au
courroux si souvent raconté de Cortez, et aux sévé-
rités cruelles de son lieutenant Alvarado? On savoure
cette ambroisie, et ceux-là mêmes qui conservent les

plus amers souvenirs de la conquête, les oublient ou deviennent peu à peu indulgents.

Pour vous complaire, cher Monsieur, j'ai compulsé bien des volumes, mais je vous fais grâce ici, et pour cause, de maint nom aztèque, toltèque ou otomi.

J'ai relu surtout à votre profit l'inépuisable Torquemada, et cette immense collection que donna, il y a juste trente ans, lord Kingsborough, en échange d'une fortune qu'on évaluait à plusieurs millions (d). Si je n'ai pas retrouvé le Theoamaxtli, cher monsieur, j'ai retrouvé dans ces deux livres tout ce que les Espagnols nous ont dit de plus raisonnable sur les origines du Chocolat.

Linné avait raison, et deux siècles de gloire nous prouvent qu'il se trompait rarement. L'arbre qui portait le Cacao, le cacahuatl — c'était le nom primitif du cacaoyer — était d'origine divine. Les Mexicains, cependant, n'avaient pas fait un dieu du fruit qu'il prodigue aux hommes. Ils laissèrent pareille excentricité aux peuples de l'Amérique centrale, que nous décrit si naïvement Oviedo. Néanmoins le cacaoyer jouissait parmi eux d'une telle estime, que nul végétal, dans ce pays des plus merveilleuses productions de la nature, n'était à leurs yeux son pareil. Non-seulement ils savouraient son fruit, mais ils en avaient fait la représentation visible de leur richesse, et le Cacao était leur monnaie (e). Parfois il devenait bien plus, on l'offrait respectueusement aux

dieux, on en faisait hommage aux souverains ; c'é-
tait un moyen irrésistible d'intercession qu'employaient les plus puissants.

Un savant évêque, Lorenzana, nous a prouvé,
dans ses curieux commentaires aux lettres de Fernand Cortez, que le tribut le plus estimé, payé par
les villes aux empereurs du Mexique, se composait
d'abord de plumes de couleur à reflets dorés, d'é-
meraudes, de saphirs et de jade resplendissant, mais
qu'immédiatement après venaient les mantes bro-
dées, les pelleteries, les peaux d'oiseaux précieux, et
surtout le Cacao (*f*).

Mais aussi que de soins présidaient à la culture
des arbres délicats qui portaient les beaux fruits
dorés du cacahuatl, que j'ai moi-même si souvent
admirés dans les vergers américains! Quelle science
parfaite des irrigations les *macehuales* (c'est le nom
qu'on donnait aux agriculteurs) apportaient dans
l'exploitation intelligente des terrains choisis où devait être planté cet arbre aimé des hommes et des
dieux! Le Cacaoyer, qu'on rencontre à l'état sauvage, vous le savez, dans les forêts de Honduras,
ne vient au Mexique qu'à force de travaux horti-
coles habilement ménagés. On le sème d'abord, on
en fait des pépinières; les jeunes plants doivent être
toujours abrités des rayons les plus brûlants du soleil; les fruits ensuite doivent être exposés plus directement aux feux de cet astre, qu'on leur fait d'abord
éviter. Que vous dirai-je? Dans ce pays où l'on avait

presque divinisé deux botanistes habiles, il n'y avait
pas de secrets que la science de l'arboriculture, si
familière aux cultivateurs mexicains, n'eût péné-
trés pour obtenir de belles plantations de Cacaoyers (g).

L'homme qui, sans contredit, a le mieux connu
l'antique civilisation des Mexicains, ce Bernardino
de Sahagun (h) qui demeura plus de quarante ans
parmi eux, ne tarit pas lorsqu'il énumère les soins
que l'on donnait à cet arbre précieux. Torquemada
l'imite avec amour dans sa *Monarchie indienne*.

Non-seulement les plantations étaient faites avec
symétrie, mais un arbre, qu'on désignait en na-
huatl sous le nom de *mère du Cacao*, abritait les
jeunes arbres, et parfois un arbre plus grand encore protégeait ces utiles vergers. Je ne sais, mais
ces soins merveilleux qui ne dépareraient pas les
instructions d'un comice d'agriculture, me semblent
tenir tout autant, chez ce peuple, à des souvenirs
religieux qu'à l'intérêt agricole inspiré par l'arbrisseau lui-même.

Il est temps de vous dire que le charmant végétal qui porte le Cacahuatl était un des plus beaux
ornements du Paradis terrestre, dont on fixait la position aux environs de Tula. Je vais m'expliquer plus
clairement.

Tous les mythographes américains sont unanimes
dès qu'il s'agit de reconnaître les attributs des deux
Quetzatlcoatl : l'un était le dieu de l'air, l'autre

était un prophète civilisateur, et il n'arrive que trop
souvent qu'on les confonde tous les deux. Nous ne
commettrons pas cette énormité. Le Quetzatlcoatl
rapproché de la nature des hommes était, nous dit
Torquemada, un jardinier favorisé des dieux; il
avait fixé sa résidence sur la montagne de Tzatzitepec, non loin de l'antique Tula, et là, mettant à
profit la diversité des climats et la bonté surnaturelle
du sol, il s'était créé un vrai paradis terrestre. Les
épis de maïs, nous dit la légende indienne, y étaient
si magnifiques, qu'une seule tête de ce blé des
Indes suffisait pour charger un homme, et qu'on
eût pu se rassasier avec un de ses grains dorés. Les
cotonniers y donnaient naturellement une toison de
pourpre éclatante. Je vous fais grâce de la savante
nomenclature des autres végétaux merveilleux réunis dans cet Éden; vous n'avez appris que trop bien,
aux dépens de la délicatesse de vos oreilles, ce que
sont les noms mexicains; qu'il vous suffise de savoir, par la dénomination des oiseaux chanteurs de
ce délicieux jardin, ce qu'étaient ses rossignols et
ses fauvettes : le xiutolotl, le tlauquechol, le zuguan,
y faisaient retentir incessamment les échos de leurs
ritournelles champêtres. L'un des plus beaux arbres
du Tzatzitepec était le cacaoyer.

Que vous dirai-je de ses produits? Si son tronc
était gigantesque, le fruit ne se montrait pas moins
splendide que le végétal magnifique dont il était le
plus bel ornement, et sa grosseur était égale sans

doute à ces melons dorés qu'on appelle des cantaloups. Or il arriva que Quetzatlcoatl ne put jouir de ces délices sans désirer l'immortalité. Un malin nécromant, envieux de son bonheur, parvint à lui persuader qu'en prenant un certain breuvage, le don merveilleux qu'il demandait à la cour céleste lui serait accordé; mais, ô douleur! la coupe fatale fut vidée, et la raison du prophète s'égara; dans sa démence, il changea en arbres inutiles ces beaux arbres qu'il avait fait croître avec tant de soin; le Cacaoyer lui-même fut transformé en mizquitl. Le demi-dieu s'enfuit de Tula, et ne revit jamais son paradis terrestre. Il perdit jusqu'au souvenir du bonheur, lorsque le Chocolat lui manqua (1).

Les dames de Guatemala, cher Monsieur, pensaient un peu comme le divin Quetzatlcoatl, et c'est Thomas Gage, l'aventureux dominicain, qui nous apprend cette particularité, lui qui nous a révélé tant de choses précieuses touchant la confection du Chocolat. En l'an de grâce 1625, les beautés guatémaliennes, avaient imaginé que l'office de midi, où s'étalaient tant de riches parures, n'eût pas été complet, et surtout efficace pour leur salut, si une esclave indienne, parée de tous ses atours, ne leur eût pas apporté un gobelet d'argent rempli d'un Chocolat exquis. Il s'agissait pour elles d'une chose bien importante : elles voulaient que leur ferveur religieuse ne fût pas détournée de la prière par les exigences d'un estomac trop délicat. Cette

coutume, tolérée par un clergé indulgent, dura
pendant quelques années; à la fin, l'archevêque
de Chiapa, qui vivait au temps de l'archevêque de
Grenade dont nous parle Gil Blas, et qui voulait
qu'on écoutât ses homélies, s'en montra vivement
offensé. Il advint de cette animadversion un bien
notable changement : les gobelets d'argent furent
repoussés par les sacristains, et les dames de Guatemala quittèrent la cathédrale pour aller entendre
l'office dans les couvents (j).

Vous avez ouï parler sans doute de la terrible
excommunication qui fut lancée vers la même époque contre ceux qui osaient prendre du tabac dans
les lieux saints! Vous n'avez jamais entendu rappeler, j'en suis à peu près certain, que la même peine
ait été encourue par les amateurs innocents du plus
innocent des breuvages. Cela eut lieu cependant,
Thomas Gage nous l'affirme; les belles preneuses de
Chocolat ne se laissèrent pas effrayer, et, pour les
rappeler dans son église, ce fut, dit-on, le saint
prélat qui fut obligé de faire des concessions. Le
reste du récit est trop tragique, demeure trop en-
veloppé de voiles pour qu'on puisse le rappeler ici.

Je vous ai nommé tout à l'heure Thomas Gage,
et certes, si le témoignage d'un religieux zélé peut
être rappelé ici, c'est celui de ce dominicain, qui,
pendant douze ans entiers, prit en dehors de ses
copieux repas six verres de Chocolat mousseux,
quand il n'allait pas jusqu'à la douzaine! D'accord

avec son prédécesseur le savant Torquemada, Thomas
Gage nous donne , sur l'usage primitif du Chocolat
américain, les détails les plus curieux.

Je n'ignore pas qu'il n'y a rien à vous apprendre
sur les préparations diverses que subit le Cacao, et
je sais que sur ce point, comme sur tous ceux que
vous étudiez, vous avez scruté laborieusement ce
que nous disent les auteurs. Antonio Colmenero de
Ledesma , le docte appréciateur du Chocolat, vous
est d'ailleurs connu, et vous n'êtes ignorant d'aucune
des excellences qui se rattachent au bel arbre que
cultivait Quetzatlcoatl. Permettez-moi cependant, à
propos des préparations primitives de cette précieuse amande, d'invoquer ici le docte témoignage
de mon humble religieux. Il écrivait au dix-septième
siècle comme on écrivait en ce temps, et je soupçonne que son ardente appréciation des qualités de
notre fève n'a pas été sans influence sur les meilleurs esprits de son époque. Qui sait si un esprit
charmant, si madame de Sévigné ne s'est pas rappelé
son témoignage, lorsqu'à son tour elle a énuméré
avec tant de complaisance, et cela aux dépens du
Café, les vertus un peu contradictoires qu'elle reconnaît au Chocolat?

D'abord nous écarterons, avec Thomas Gage,
l'usage du *patlaxe*, de ce gros Cacao d'une couleur
obscure, tirant sur le rouge, quelque peu arrondi,
picoté au bout, plus large, plus plat que l'excellent soconuschco; c'était, de son temps, le Cacao

réservé au populaire, au commun peuple, comme
dit notre dominicain. Les seigneurs mexicains, en
qui l'amour du bon Chocolat survivait encore à l'a-
mour des grandeurs, ne s'en servaient jamais. Je
vous renvoie à Colmenero de Ledesma pour l'appréciation savante du Cacao premier choix, telle qu'on
l'entendait au temps de Philippe IV (k).

Établissons ici d'une façon positive, précise, ce
qu'était le Chocolat des Mexicains et même des
Chiapanais. J'ai honte pour ces grands peuples de
vous le dire, c'était, selon moi, une drogue af-
freuse et qui eût fait reculer d'horreur le grand
Brillat-Savarin. Cortez se montra, selon moi,
d'une admirable indulgence en le vantant à Charles-
Quint.

Torréfié nous ne saurions dire aujourd'hui comment, le Cacao était trituré sur une pierre dont on
nous a conservé le nom; ainsi moulu ou réduit en
poudre très-fine, on le mélangeait avec de l'eau
froide, et, après l'avoir battu, on y ajoutait une dose
exorbitante du piment le plus piquant.

Torquemada, le docte historien, et Thomas Gage,
le voyageur consciencieux, se réunissent pour nous
le dire : le Chocolat chaud était une invention des
Castillans. Le premier de ces écrivains, qui vivait à
la fin du seizième siècle, le dit même d'une façon
positive : de son temps on ne le prenait ainsi que
depuis quelques années.

Que direz-vous du Chocolat chiapanais, si goûté

par les habitants de tout le Guatemala? Thomas
Gage nous en donne la recette :

« On prend le Chocolat, dans lequel on n'a mis que
peu ou point d'autres ingrédients, et, l'ayant dissous
dans de l'eau froide avec le moulinet, l'on en ôte
l'écume ou la partie grasse, qui s'élève par-dessus
en grande quantité, particulièrement quand le cacao est vieux et commence à se corrompre.

» On met l'écume dans un plat, à part, et l'on met
du sucre avec celui d'où l'on a tiré l'écume, que l'on
verse de haut ensuite sur l'écume, et puis on le boit
ainsi tout froid. »

Voulez-vous savoir maintenant ce que fut le Chocolat, quand le docte Antonio Colmenero de Ledesma eut donné sa recette? Je vous la transcris ici.

« Prenez une centaine de Cacaos, deux gousses
de chili, ou poivre long, une poignée d'anis et
d'orjevala, et deux de mesachusil ou vanille, ou
bien, au lieu de cela, six roses d'Alexandrie mises
en poudre, deux drachmes de canelle, une douzaine
d'amandes et autant de noisettes, demi-livre de
sucre blanc et d'achiotte, ce qu'il en faut seulement
pour lui donner la couleur, et vous aurez le roi des
Chocolats. »

J'aime mieux, pour ma part, le Chocolat froid du
trop fameux Montezuma, eût-il reçu une double
dose de chilchotes et de chilterpin.

Pour ne pas rester incomplet au sujet de ces
préparations primitives, il importe de vous dire un

48

mot ici d'une autre substance qui s'alliait au prétendu Chocolat aimé des Américains; je veux parler de l'*atole*, qui s'est conservé jusqu'à nous. Il y avait l'atole de farine de maïs sec, et l'atole de maïs vert; c'était ce dernier qu'on servait sur les tables délicates. Composé de maïs en lait, édulcoré avec le miel végétal de l'agave (*l*), parfois aussi parfumé avec d'excellente vanille, il affectait l'aspect du blanc-manger. On versait sur ce mélange du socomuchco préparé à froid, et l'on comprend comment les palais les plus délicats purent, dès l'origine, s'en accommoder. Je ne vous dis rien ici des grossiers mélanges de farine sèche ou de *frisoles* qu'on mélangeait avec le Cacao; c'était un manger vulgaire, supportable uniquement pour le commun peuple, comme nous eût dit le bon Thomas Gage; je vous ai réservé l'atole de maïs vert pour la bonne bouche, et je passe à un autre point.

Pour ne pas rester trop incomplet dans cet aperçu de quelques origines, souvent examinées mais encore obscures, il faudrait aborder, je le sens bien, le chapitre moins connu encore de la céramique américaine, et ce ne serait pas, à coup sûr, le paragraphe le moins curieux. Les Mexicains avaient des vases affectés aux boissons, on ne peut plus variées, qu'on servait dans leurs festins, depuis le pulque ordinaire jusqu'à l'octli le plus délicat; il y avait, n'en doutez pas, parmi eux des chocolatières d'un grand prix. L'historien du roi Tezozomoc ne nous laisse point de doutes sur ce point; il nomme, il est vrai, une série de vases ornés, sans toutefois nous en faire connaître l'usage spécial; mais il est beaucoup plus explicite quand il vient à parler d'une coupe que la nature offrait toute faite, mais que l'art de l'orfévre couvrait toujours des ornements les plus élégants. Grâce à lui, nous savons que le Cacao était offert aux personnages distingués dans une écaille de tortue bien polie et enjolivée d'arabesques en or, et ce fut de cette façon, très-probablement, que Fernand Cortez prit son premier Chocolat.

Mais, ne l'oublions pas pour l'honneur de l'archéologie, les peuples que soumit ce conquérant, les Aztèques, puisqu'il les faut nommer par leur nom redouté, étaient des gens barbares, lorsque, venant des rives du Gila, ils envahirent les terres heureuses de l'Anahuac, pour soumettre ensuite le Yucatan et le Guatemala. Ce ne furent pas, à coup sûr, les *découvreurs* du Chocolat (passez-moi, je vous prie, ce terme, admis aujourd'hui pour les marins), ils le trouvèrent tout fait; tout au plus eurent-ils d'abord l'esprit de le prendre et de l'apprécier, puis d'imiter les beaux vases du Yucatan, dans lesquels on le leur servait. Les premières chocolatières vinrent donc de ces grands peuples édificateurs, qui surent créer tant de merveilles; de ces Toltèques, en un mot, qui avaient précédé les Mexicains dans les voies de la civilisation, et dont le nom glorieux signifiait les architectes. Les Toltèques avaient emprunté eux-mêmes la délicieuse préparation qui nous occupe, aux peuples guatémaliens, régis jadis par Zamna, et nous voilà tout à coup, vous le voyez bien, pour les origines du Chocolat, parmi des nations savantes, artistiques surtout, dont l'antiquité, le digne Ordonez le prouve, est égale à celle des Égyptiens (m)!

Je vous fais grâce bien volontiers des suites de cette discussion sur les vases des Toltèques et des autres Mexicains, mais ce que je ne puis omettre dans le grave exposé que je vous fais ici, ce qui, en un mot, m'inquiète sur la qualité du Chocolat que l'on consommait à la table du fameux Montézuma, c'est que ce puissant monarque ne pouvait se servir qu'une seule fois de la vaisselle dressée devant lui, quel que fût d'ailleurs son prix. Après qu'elle avait été présentée devant le trône rayonnant sur lequel parfois il daignait se rappeler les besoins de l'humanité, les serviteurs s'en emparaient, et elle était brisée sans rémission. Or, pour quiconque connaît un peu les théories transcendantes de l'office, il est bien certain qu'un vase neuf de terre, quelque artistement confectionné d'ailleurs qu'il soit, n'est guère propre à préparer le Chocolat qu'un gourmet peut apprécier. La ressource de Montézuma, sans doute, c'est que ne possédant pas de porcelaine de la Chine, il avait des chocolatières d'or,

Disons-le à regret : vous chercheriez vainement ces ustensiles précieux au musée naissant
du Louvre. Ces beaux vases métalliques, si impitoyablement détruits par les conquérants, présentaient dans leur ornementation une sorte de
phénomène industriel capable de désespérer nos
orfévres les plus habiles. Obtenus en général par
l'art du fondeur, les métaux divers s'y mêlaient
artistement en conservant leurs teintes variées, sans
que l'on pût comprendre comment l'ouvrier avait
pu les superposer.

Mais je m'arrête, car je comprends qu'un pareil
chapitre nous entraînerait beaucoup trop loin, et je
vous renvoie à Torquemada.

Quelque chose manquerait à la gloire du Chocolat, vous le pensez sans doute comme moi, Monsieur, si la calomnie n'avait tenté, à l'origine, de
ternir sa réputation et de faire prendre le change
aux populations gourmandes sur toutes ses excellences. Le malheureux qui commit cet attentat est
un naturaliste célèbre, du siècle même où le Chocolat allait s'introduire parmi nous; c'est le fameux
Joseph Acosta (*n*)! Il appartenait à notre temps,
qui réhabilite, vous le savez, tant de choses, mais
qui, cette fois, n'avait pas de grands efforts à faire
pour persuader les gourmets de placer le Chocolat
au rang qu'il ne doit plus quitter. En donnant sa
belle édition d'Oviedo y Valdès, M. Amador de los
Rios l'a prouvé, le Chocolat a eu jadis des autels,

et les nations lui ont rendu autrefois un culte. Ainsi
s'est appliquée avec justesse la dénomination du
grand Linné, et le *Theobroma* est une ambroisie ravie
pour nous à l'Olympe des Mexicains.

NOTES

LÉGENDE DU CACAHUATL.

NOTE *a*, p. 303.

Chez Netzahuatlcoyotizin, où l'on consommait annuellement quatre millions neuf cent mille trois cents
fanègas de maïs, on dépensait chaque année également
deux millions sept cent quarante-quatre mille fanègas
de Cacao. (Voy. *Monarquia indiana*.)

NOTE *b*, p. 304.

Zumarraga (fray Juan de), né à Durango, en Biscaye,
avait embrassé l'ordre de Saint-François, et il était
gardien du couvent *del Abrojo*, près de Valladolid, où
il se faisait remarquer par son amour pour les lettres,
sa sainteté de vie et son zèle religieux, lorsque Charles-
Quint l'appela à l'évêché de Mexico, le 12 décembre
1527, à la demande de Cortez; il mourut âgé de plus
de quatre-vingts ans, en 1545. C'était un fort saint
homme, pitoyable pour les pauvres Indiens; mais on
affirme que le monceau de manuscrits peints sur papier d'agave, qu'il fit brûler à Tezcuco, égalait en élévation les plus hautes demeures; c'est un crime que
les bibliothécaires ne sauraient lui pardonner.

NOTE *c*, p. 304.

Nous avons fait reproduire, dans le *Magasin pittoresque*, le plan des établissements scientifiques qu'on
admirait à Mexico.

Bien que la ménagerie de l'empereur Montezuma
fût surtout destinée à défrayer certains genres d'industrie ou à fournir peut-être certaines victimes au
culte, il est hors de doute qu'elle était visitée par des
hommes dont la mission toute spéciale était de se livrer à l'étude des sciences naturelles. On a la certitude
que le palais renfermait un certain nombre d'individus
divisés en classes diverses, selon les travaux intellec-
tuels auxquels ils se livraient, et formant ainsi une
sorte d'université, dont malheureusement les statuts
sont restés ignorés. Cette espèce d'académie se retrouva à Tezcuco. (Voy. la précieuse collection de Mémoires publiée par M. Ternaux-Compans.) L'étude de
la botanique était en tel honneur parmi les peuples de
l'Anahuac, que la tradition avait conservé les noms de
deux médecins célèbres dans la connaissance des plantes
utiles, et qu'elle les avait pour ainsi dire divinisés.
Malgré l'imperfection de leur écriture hiéroglyphique,
les Aztèques avaient, dit-on, des traités spéciaux sur
certaines sciences, et il fallait bien qu'il en fût ainsi,
puisqu'on retrouva chez eux les divisions de l'année
julienne, basée sur des calculs exacts au moyen desquels ils établissaient leur calendrier. (Voy. Bernardino de Sahagun, dans lord Kinsborough.)

NOTE *d*, p. 305.

ANTIQUITIES OF MEXICO, *comprising fac-similes of
ancient Mexican paintings and hieroglyphics preserved in*

*the royal libraries of Paris, Berlin and Dresden; in the
imperial Library of Vienna, in the Vatican Library, in the
Borgian Museum at Rome; in the Institute at Bologna
and in the Bodleian Library at Oxford, together with
the monuments of New-Spain, by M. Dupaix, with their
respective scales of measurement and accompagnying descriptions; the whole illustrated by many valuable inedi-
ted manuscripts, by Augustine Aglio; in seven volumes.*
LONDON, 1830; 9 vol. in-fol. Atl.

NOTE *e*, p. 305.

Torquemada, qui nous donne de si curieux documents sur la valeur du Cacao comme monnaie, nous
apprend qu'on se servait concurremment, avec ces
amandes, de petites mantes désignées sous le nom de
patolquahtli, mot que les Espagnols avaient corrompu,
et dont ils avaient fait patolcuacheles. Mais ce qu'il y
a de plus curieux pour les numismates, c'est qu'en certains endroits on faisait usage de certaines monnaies
de cuivre, mélangées parfois de beaucoup d'or, et présentant l'aspect de la lettre T. Cette monnaie, assez
déliée, avait deux ou quatre doigts de longueur. On
employait au même usage de petites canules de même
métal.

NOTE *f*, p. 306.

Chez Montezuma, le Cacao était contenu dans des
mannes tissues en osier, affectant la forme de grands
vases que six hommes ne pouvaient embrasser; mais
elles étaient cerclées extérieurement et intérieurement,
et rangées par ordre comme des cuves. L'empereur du
Mexique avait une *casa de Cacao*, où il y avait plus de
40,000 de ces charges; on la pilla. Chacune des
charges valait quarante *castellanos*. Alvarado voulut

en avoir sa part, mais les Espagnols n'en purent emporter, malgré leur bonne volonté, que six grandes mannes.

Note g, p. 307.

On trouvera, dans Torquemada, tous les détails désirables sur la culture du Cacao au seizième siècle et sur le cacahuanantli, ou la mère du Cacao, destiné à le préserver de l'ardeur du soleil. (Voy. *libro catorce de la Monarquia indiana*, t. II, p. 620, édit. de 1723.)

Le Cacao était exploité par charges, nous dit l'auteur de la *Monarchie indienne;* une charge se composait de 24,000 amandes. Chez les Indiens, ces charges formaient trois divisions : trois xiquipiles de 8,000 grains chacun. Au moment de la conquête, et dans les lieux où il se récoltait en abondance, chaque xiquipile valait 4 ou 5 pesos ; à Mexico il en valait jusqu'à 12 ; en Espagne, 25 et 30 ; au temps de Torquemada, cette somme s'élevait à 50 et même à 60. Notre auteur pense que ce prix élevé était dû à la rareté des agriculteurs. Il ajoute : Les *huertas* (vergers) de Cacaoyers étaient d'un grand profit; on y semait d'autres arbres que l'on appelait des *quauhpatlachtli*, arbres très-hauts et de très-grand ombrage.

Note h, p. 307.

Frey Bernardino de Sahagun, dont l'admirable livre est, selon nous, la source la plus authentique et la plus sûre que l'on puisse consulter sur l'état du Mexique avant l'arrivée de Cortez, est à peine connu, et toutefois il existe deux éditions, données presque simultanément, de son vaste ouvrage : l'une en Angleterre, l'autre à Mexico. Ce vénérable religieux, né

vers les dernières années du quinzième siècle, dans la
ville de Sahagun, vint au Mexique dès 1529. Doué de
la figure la plus noble et la plus imposante, sa mâle
beauté devint bientôt proverbiale, comme sa haute
vertu. Bientôt aussi personne ne le put égaler dans la
connaissance profonde qu'il sut acquérir de la langue
aztèque. Il employa quarante-deux ans environ à
recueillir l'histoire, les lois, la tradition religieuse et
même la poésie sacrée de la race conquise; mais cette
sainte pitié pour une nation vouée à l'esclavage lui
valut plus d'une persécution dans l'intérieur même de
son monastère. Ses papiers lui furent ravis, puis rendus, et, au temps de Torquemada, on croyait son œuvre
anéantie; il n'en était rien néanmoins. Lord Kingsborough, en Angleterre, et Bustamente, au Mexique,
l'ont heureusement prouvé. Mais, chose étrange, les
hymnes sacrées, que Torquemada prétendait avoir été
imprimées, n'apparaissent même pas en manuscrit dans
aucune bibliothèque. Après de longues obsessions, ce
digne religieux avait fini par accepter l'emploi de gardien; il s'en démit pour rentrer dans la solitude. C'é-
tait à Thatelulco qu'il résidait, au milieu des pauvres
Indiens qu'il avait catéchisés avec une charité si évan-
gélique. Lorsque l'âge l'eut brisé et qu'il eut atteint
au delà de quatre-vingt-dix ans, il fallut bien retourner à Mexico pour recevoir, dans le grand couvent de
Saint-François, les soins qu'exigeait son état. Rien n'est
touchant comme le récit des derniers voyages du bon
vieillard. Il mourut en 1590, d'une sorte d'épidémie.
(Voy. l'*Extrait de l'œuvre de Sahagun,* que nous avons
donné dans la *Revue des Deux-Mondes.*)

NOTE *i*, p. 309.

Voici ce que dit l'abbé Brasseur, de Bourbourg, sur
ce législateur américain.

Quetzalcohuatl n'est autre chose que Votan. Ce nom, qui a son synonyme dans celui de Cuculcan, sous lequel Votan était connu et vénéré dans la terre de Maayhà, se retrouve plus correctement dans celui de Cuchulchan. Dans les langues tzendale et tzolzile, il signifie littéralement la *couleuvre* revêtue de plumes précieuses ou divines. Le quetzal était un oiseau magnifique dont le plumage a toujours été considéré chez les nations civilisées de l'Amérique septentrionale comme l'emblème de l'autorité suprême et de la divinité.

Vêtu de longs et riches habits drapés à la façon orientale, la tête ceinte ordinairement de la tiare ou de la mitre, ayant à la main un bâton chargé d'emblèmes mystérieux, pris par les uns pour une crosse épiscopale, par les autres pour un sceptre royal; ange et génie bienfaisant donné par quelques-uns comme le dieu de la pluie, et conséquemment de la fécondité de la terre; inventeur de la science astronomique chez les prédécesseurs des Aztèques; roi et grand-prêtre de Tulha, où il possédait d'immenses richesses et de superbes palais bâtis de pierres précieuses; trompé par des magiciens et magicien lui-même; fuyant sa ville et passant par l'Yucatan, où il laisse de somptueux monuments comme trace de son passage; s'embarquant à Potonchan pour aller débarquer à Panucho; instituant, avec le concours de ses disciples, le sacerdoce et les monastères de Cholollan; envoyant ces mêmes disciples fonder les palais et les temples de Mictlan; poursuivi par un roi huemac et s'embarquant sur le golfe du Mexique pour se rendre à Goatzacoalco, où il disparaît enfin pour ne plus revenir : voilà le Cuculcan ou Quetzalcohuatl tel que le représentent la plupart des historiens, dont aucun jusqu'à présent n'a su rendre un compte exact de ce personnage, adoré comme un

dieu d'un bout à l'autre des provinces civilisées de
l'Amérique septentrionale et du Mexique, jusqu'au lac
Niagara, sous les noms variés de Quetzalcohuatl, de
Cuchulchan, de Cœur de la montagne, de Cœur du
peuple et de Cœur du royaume, presque toujours sous
les mêmes attributs; regardé comme un mythe par
certains antiquaires modernes, et par d'autres comme
un apôtre du christianisme, comme saint Thomas lui-
même, qui serait venu, porté sur les flots, annoncer aux
Américains les bienfaits de l'Évangile.

Note *j*, p. 310.

Ce n'était pas seulement à Chiapa qu'on faisait usage
du Chocolat pendant l'office. Écoutons un vieil auteur :
« Il y a une chose que j'ay remarquée depuis que je
suis entré aux Indes, qui est qu'ils boivent le Chocolat
dans les églises. »

Note *k*, p. 312.

Le Chocolat mexicain était réservé pour la table des
grands; l'amande précieuse qui lui sert de base ne
pouvait être prodiguée, puisqu'elle servait de monnaie
courante dans la plupart des cités de l'Anahuac; mais
ses diverses préparations étaient présentées dans des
vases d'or à la table de Moctheuzoma, et l'un des farouches conquérants qui vainquirent l'infortuné monarque aime à nous raconter comment une émulsion
de Cacahuatl, battue jusqu'à s'épancher en une sorte
de crème légère et abondante, devait être prise par le
convive avec une certaine dextérité, surtout lorsque
l'on portait la barbe taillée en pointe comme la portait
Alvarado.

19

Note *l*, p. 314.

Les Mexicains ignoraient, avant la conquête, l'art d'obtenir le sucre de la canne, qui croissait très-probablement, néanmoins, sur leur fertile territoire, comme elle a cru, longtemps ignorée, dit-on, dans les vastes déserts du Goyaz et du Matto-Grosso, au Brésil. Ils obtenaient cependant de la plante si précieuse du maguey, qui leur donnait un vin enivrant, non du sucre, mais un sirop épais, une sorte de miel végétal, avec lequel ils édulcoraient les fruits et même certains aliments. Le miel des abeilles, le miel parfumé de leurs riches campagnes, était employé au même usage, mais il paraît que c'était avec le suc épaissi du maguey qu'ils sucraient leur atole, et même parfois l'étrange préparation que nous n'osons appeler du Chocolat. Déjà, au temps de Thomas Gage, on conservait cette substance en tablettes renfermées dans des boîtes. Parfois on versait la composition dans des moules en papier, mais comme le papier était rare, on se servait aussi de feuilles de latanier, ou même d'autres palmiers.

Note *m*, p. 316.

L'art du fondeur, nous dit Torquemada, était arrivé chez eux à un haut degré de perfection, et ils surpassaient, dans cette industrie, les ouvriers castillans. Ils savaient fondre, par exemple, un oiseau de telle sorte qu'en sortant du moule il agitait ses ailes, sa tête et sa langue. Il y avait telle figure de singe, ou de tout autre animal, fondue par le même artifice, qui remuait les pattes, la tête et la langue; ils lui posaient artistement entre les mains certains instruments dont il semblait se servir pour danser. Ils font, par le même procédé, un poisson dont une partie est en or et l'autre

en argent; ils allaient plus loin dans ces représenta-
tions ichthyologiques : comme nous l'atteste le même
écrivain, ils fondaient un poisson où les écailles d'or
et d'argent alternaient : « Ce dont s'émerveillèrent
beaucoup, continue Torquemada, les orfèvres espagnols. »

L'art du fondeur était, du reste, peut-être encore
plus perfectionné chez les Péruviens. La Condamine,
qu'on ne peut accuser de trop d'enthousiasme à propos des Indiens, ne peut cacher à ce sujet son admi-
ration.

Note n, p. 317.

En 1606, Robert Regnault, le Cauchois, a eu le courage de traduire ainsi les invectives de Joseph Acosta
contre le Theobroma. Nous reproduisons textuellement
les paroles de ce malheureux, en priant le dieu Tetla-
tlipoca de les lui pardonner. « Le principal vsage de ce
Cacao est vn breuvage qu'ils appellent Chocolaté, dont
ils font grand cas en ce pays, follement et sans raison,
et fait mal au cœur à ceux qui n'y sont pas accoustumez, d'autant qu'il y a une escume et un boüillon au
haut qui est fort mal agréable pour en vser, si l'on n'y
a beaucoup d'opinion. Toutefois c'est une boisson fort
estimée entre les Indiens, de laquelle ils traitent et
festoyent les seigneurs qui viennent ou passent par
leurs terres. Les Espagnols et les Espagnolles qui sont
jà accoustumez au pays sont extrémement friands de
ce Chocolaté; ils disent qu'ils le font en diuerses fa-
çons et qualitez, savoir l'un chaud et l'autre froid, et
l'autre tempéré, et y mettent des espices, beaucoup de
cechilli; mesmes, ils en font des pastes qu'ils disent
estre propres pour l'estomach et contre le catharre;
quoique il en soit, ceux qui n'y ont esté nourris n'en
sont pas beaucoup curieux. L'arbre où croist ce fruict

est d'une moyenne grandeur et d'une belle façon... Il n'en croist pas au Peru. »

Pour comble de misères, le Chocolat fut regardé, vers l'an 1616, comme étant un agent damnable des nécromants et des sorciers. « Or, comme les dames ont vsé de ce breuuage, il leur a donné occasion de se venger de leurs ialousies en apprenant et se servant des sortiléges des Indiennes, qui en sont fort grandes maistresses comme estant enseignées par le diable. C'est pourquoy les personnes sages doiuent euiter la frequentation des Indiennes pour le seul soubçon de sortilége. »

FIN.

TABLE DES MATIÈRES.

FIN DE LA TABLE.

www.ingramcontent.com/pod-product-compliance
Lightning Source LLC
Chambersburg PA
CBHW060356200326
41518CB00009B/1161